1

¿QUIEN ES DIOS?

Dr. Luis Carlos Ospina Romero

De San Anselmo

A

Kurt Gödel y Saul Kripke

2020

Diseño de Cubierta
Arquitecto Sibil Cairel Carla Ospina Castillo
sibila_image@hotmail.com,
Aachen, Alemania.
2020
First Edition

Post Nubila phoebus
Qui pótest capere cápiat:

.

Índice

Prologo

El problema de Dios es algo muy simple, crees en Dios, o no crees en Dios, si, así de simple.

¿El mal es la negación del bien, el bien es la negación del mal?

¿Qué es el mal?

Si no crees en la existencia de Dios se acabaron tus problemas, si crees en la existencia de Dios se inician tus problemas en forma grave, te preguntas ¿cómo es Dios, que es Dios?, y terminas pensando que es fuego, aire agua, tierra, animales, naturaleza, todo un relajo, desde hace cientos de miles de años, con sentimientos y pasiones humanos, odio, amor, venganza,..., y donde tales sentimientos se materializan en seres mitológicos griegos, indios de la india, Dios en la mente humana se funde con la manera y los ritos de adorar a Dios., crees que Dios es inmortal, otra veces que es mortal, un despelote total.

El ser humano busca conciliar la eternidad con lo perecedero, conciliar la vida inmortal con lo divino, relacionar el bien con el mal con Dios., lo profano con lo sagrado. Dios y la hoguera en la inquisición son confundidos con religión.

No importa que creas en Dios, su existencia y su ser no depende del ser humano.

Ahora se examinara el ser de Dios desde un punto de vista al cual ni el mismo Dios puede escapar, el punto de vista lógico humano, la lógica invariante desde Aristóteles, lo lógica modal de Godel y Saul Kripke, lógica modal de Kripke desde la cual son accesibles fugazmente a la inteligencia humana los atributos de Dios, no todos lo cual es imposible sino algunos que no se contradicen y creemos también son atributos de Dios, de esta forma respondemos a ¿Quién es Dios?, NO LO SE, PERO HAY PRINCIPIOS QUE SON SU ESENCIA Y SU propio SER no puede contradecir esos principios.

Prueba ontológica de Kurt Gödel

La prueba ontológica propuesta por lógico matemático lógico Kurt Gödel (1906-1978), probablemente desarrollada hacia 1941, fue publicada por su discípulo Dana Scott después de la muerte del matemático y filósofo. La prueba no pretendía demostrar que Dios existe, sino que la formulación del argumento *per se* fuera estructuralmente correcta para así excluir las objeciones que afirman que el argumento depende del contenido de sus conceptos.

La prueba ontológica de Gödel, una supuesta prueba de la existencia de Dios, usando la lógica de predicado modal S5 de orden superior. La prueba procede al definir un concepto de propiedades P, donde se pretende que P se interprete como Positivo o Perfección. (Pensada como lo mayor incomprensible en el sentido de Anselmo, o lo inaccesible por conocer según la semántica de Saul Kripke)

Recuerden el cuadrado significa "es necesario", el rombo, "es posible", $\forall x$ significa para todo ente x, $\Rightarrow$ significa si....entonces...., el conectivo $\land$ significa "y", $P(\phi)$ indica que si ϕ es una propiedad positiva

Así que primero veamos este concepto de propiedades P.

P Está limitado por 5 axiomas:

1. $\{P(\phi) \land \Box \forall x[\phi(x) \Rightarrow \psi(x)]\} \Rightarrow P(\psi)$

Este axioma indica que si ϕ es una propiedad positiva y es necesario el caso de poseer la propiedad ϕ implica tener la propiedad ψ, entonces ψ es una propiedad positiva.

Puede entenderse como la afirmación de que solo cosas positivas se derivan de cosas positivas. Las buenas propiedades no pueden implicar malas propiedades.

2. $P(\neg\phi) \Leftrightarrow \neg P(\phi)$

Este axioma establece que cualquier propiedad ϕ es positiva o su negación es positiva. En otras palabras, el concepto de propiedades positivas divide el conjunto de todas las propiedades. No hay cosas tales como propiedades neutrales.

3. $P(G)$

Este axioma establece que la propiedad G es una propiedad positiva. G significa ser semejante a Dios.

4. $P(\phi) \Rightarrow \Box P(\phi)$

Este axioma establece que la propiedad positiva es necesariamente positiva. Se podría decir que este axioma encarna la afirmación del bien objetivo. Lo positivo y lo no positivo son lo mismo en todos los mundos posibles.

5. P(E)

Este axioma establece que la propiedad E (existencia) es una propiedad positiva. Veremos esa definición más adelante, pero su significado es esencial o indispensable. Básicamente, esto afirma que la existencia es mejor que la no existencia.

Ahora, las nociones de posible y necesario en la lógica modal se definen en términos de posible semántica de mundos posibles. Decir que algo es posible es decir existe un mundo accesible desde este mundo donde es verdadero. Decir que es necesario es decir que sea verdad en todos los mundos alcanzables desde nuestros mundos.

Si Ud. quiere se salta las siguientes lecturas que narran el despelote conceptual sobre quien es Dios y salta directamente al capítulo 1, De Anselmo a Gödel

Prologo 1

Un hombre intoxicado de Dios. Sobre Spinoza

Hace diez años un manuscrito de la Ética, *opus magnum* filosófico de Baruch Spinoza, fue descubierto en los archivos de la Congregación para la Doctrina de la Fe del Vaticano. El manuscrito, etiquetado como Tractatus theologiae y comentado en la última página por un funcionario de la Inquisición romana, había sido entregado al Santo Oficio en septiembre de 1677 por el médico y científico danés Niels Stensen, quien había sido miembro del círculo de Spinoza durante sus años de estudiante en Leiden, antes de convertirse al catolicismo ("un médico excelente, convertido en un teólogo mediocre", se lamentó Leibniz). Mientras los rumores sobre el ateísmo de Spinoza circulaban por la cristiandad, Stensen denunció a su antiguo amigo en la corte del Santo Oficio, exigiendo "remeDios" para detener la propagación de ideas "malvadas" y evitar que otros fueran "infectados" (*non se n'infettino*) por ellas. La Iglesia Católica agregó la Ética a su índice de libros prohibidos.

Resulta irresistiblemente irónico que hayan sido los censores de Spinoza en el Vaticano quienes, temerosos del ateísmo, conservaron un manuscrito de su obra más importante. Gracias a las inquietudes de la Inquisición del siglo XVII, los académicos del siglo XXI pueden examinar una versión completa de la Ética que data de los últimos años de su autor. En el otoño de 2011, la Universidad Johns Hopkins organizó una conferencia sobre el joven Spinoza y la primera oradora fue Pina Totaro, quien con su colega Leen Spruit había encontrado el códice del Vaticano el año anterior.

Spinoza murió antes de que el Vaticano prohibiera su Ética, pero ya había anticipado que SU MANUSCRITO traería problemas. En julio de 1675, no mucho después de que se hiciera la copia para Tschirnhaus, el filósofo de cuarenta y tres años le escribió a su antiguo corresponsal Henry Oldenburg, el primer secretario de la Royal Society, anunciando su plan para publicar un tratado de cinco partes. Spinoza había estado trabajando en su obra desde principios de la década de 1660, y ahora partía de su tranquilo hogar en La Haya a Amsterdam para llevar a cabo las labores de impresión. Sin embargo, en el otoño de 1675, le volvió a escribir a Oldenburg, esta vez con las noticias de que "ciertos teólogos" y "cartesianos estúpidos" se apresuraban a denunciar sus puntos de vista a las autoridades holandesas, ya que "se corrió el rumor de que cierto libro mío sobre Dios estaba en imprenta, y que en él intentaba demostrar la inexistencia de Dios". Spinoza, cuyo lema personal era "Precaución", decidió retrasar la publicación.

Oldenburg le escribió desde Londres en noviembre, en busca de una aclaración sobre la posición religiosa de su amigo. Estaba especialmente preocupado por la visión que tenía Spinoza de la relación entre Dios y la Naturaleza: "mucha gente piensa que confundes estas dos cosas". En su respuesta Spinoza confesó: "estoy a favor de una opinión sobre Dios y la naturaleza muy diferente de la que los cristianos modernos suelen defender". Sin embargo, se alineó con tradiciones religiosas más antiguas, tanto judías como cristianas: "Que todas las cosas están en Dios y se mueven en Dios, afirmo con Pablo, y … con todos los antiguos hebreos, hasta donde podemos conjeturar de ciertas tradiciones, corrompidas como lo han sido en muchos sentidos". La referencia de Spinoza a "ciertas tradiciones" puede aludir a la literatura cabalista en la que la identificación de Dios y la naturaleza es omnipresente. En el hebreo pre moderno, el significado literal de la cábala es "tradición", y en el siglo XVII la cábala era ampliamente considerada como una antigua sabiduría de los misterios del ser, cuyo verdadero significado se había corrompido a lo largo de los siglos.

Deus sive Natura, "Dios, o sea la naturaleza", es probablemente la frase más citada de la Ética, y a menudo se ha tomado como un eslogan para el espinozismo. A lo largo de los siglos, la fama (e infamia) de esta sorprendente frase ha desviado la atención de muchos lectores de las afinidades entre la doctrina de Dios de Spinoza y las teologías tradicionales. Como sugieren las inquietudes de Oldenburg, para la mayoría de sus contemporáneos cristianos *Deus sive Natura* fue una idea horrible, similar al ateísmo. Los estuDiosos modernos que interpretan la Ética como un heraldo del secularismo científico hacen eco de esta reacción, aunque con un espíritu más positivo, al afirmar que Spinoza simplemente reduce a Dios a la naturaleza. Por el contrario, cuando los primeros románticos alemanes abrazaron a Spinoza retomaron la idea de que la naturaleza misma, considerada como *Natura naturans*, el poder dinámico y creativo de la "naturaleza", es divina.

Sin embargo, los lectores tienen que esperar hasta la Cuarta Parte de la Ética, titulada "Sobre la esclavitud humana, o el poder de los afectos", para encontrar la frase *Deus sive Natura*. La primera parte del libro, "Sobre Dios", define a Dios como una sustancia absolutamente infinita. De esto Spinoza infiere otras características de Dios, como la simplicidad, la singularidad y la eternidad. También argumenta que todo lo demás que existe son "modos" (o modificaciones) de la sustancia y, por lo tanto, constitucional y asimétricamente dependiente de Dios. La sustancia está en sí, "en sí misma" y es causada por sí misma; los modos están *in alio*, "en otro". Los conceptos de sustancia y modo de Spinoza sientan las bases para la afirmación, unas pocas páginas después en la Ética, de que "Lo que sea que exista, es en Dios".

A pesar de las tantas lecturas de la Ética que hacen de la expresión *Deus sive Natura* una piedra angular del sistema metafísico de Spinoza, decir que todo, incluido el mundo en su conjunto, está en Dios -una posición ahora llamada "panenteísmo"- es bastante diferente que afirmar que el mundo es Dios, la visión generalmente conocida como "panteísmo". El panenteísmo de Spinoza deja espacio para la idea de que Dios excede, o trasciende, la suma total de todas las cosas (o "modos") (como lo había afirmado Anselmo). El Dios de la Ética ciertamente trasciende lo que normalmente llamamos "naturaleza". Esto es inseparable del hecho de que el Dios de Spinoza trasciende el conocimiento y la experiencia humana.

La esencia de Dios se expresa a través de una infinidad de atributos (o formas distintas de ser), pero tenemos acceso a solo dos de estos atributos: pensamiento y extensión., atributos desde el punto de vista humano (conocimiento accesible según la semántica de Kripke) (Yo Creo estar escuchando el mayor incomprensible de Anselmo)

Así que Spinoza no tergiversó su propia metafísica cuando le dijo a Henry Oldenburg "afirmo con Pablo", y junto a los escritores hebreos, que todas las cosas **"son en Dios y se mueven en Dios"**, una referencia a Hechos 17:28. También tenía razón al señalar que su punto de vista difería de la enseñanza de los "cristianos modernos".

Después de ser excomulgado por su comunidad judía cuando era joven, Spinoza vivió el resto de su vida en la República Holandesa, dominada religiosamente por los teólogos calvinistas de la Iglesia Reformada Holandesa. Aunque Calvino también tenía la costumbre de citar Hechos 17:28 (Porque en él vivimos, y nos movemos, y somos; como algunos de vuestros propios poetas también han dicho: Porque linaje suyo somos) para acentuar la dependencia humana a un Dios omnipresente, sus descripciones antropomórficas del carácter voluntarista de Dios hacen que sea difícil evitar imaginar a un Rey y Juez divino que gobierna sobre el mundo.

La separación entre Dios y la naturaleza que Spinoza, en 1675, reconoció como distintivamente "moderna" se agudizó en el deísmo del siglo XVIII, y encontró una expresión sorprendente en la imagen, popularizada por la teología natural de William Paley (1802), de un diseñador divino cuya relación con el mundo natural era análoga a la relación de un relojero con un reloj. Ahora podemos reconocer a esta deidad antropomórfica como el Dios de esos ateos modernos que caricaturizan la creencia religiosa como una fantasía de cumplimiento de deseos de una paternal figura cósmica. Visto de esta manera, los desafíos deístas y ateos a la religión tradicional, lejos de seguir los pasos de Spinoza, son decididamente anti espinozistas. Si las iglesias del siglo XVII hubieran sido más atentas a la Ética, podrían haber fortalecido mejor a su Dios contra los estragos del secularismo por venir. En cambio, tanto protestantes como católicos denunciaron a Spinoza como ateo.

A finales del siglo XVIII, sin embargo, surgió una nueva comprensión de la religiosidad de Spinoza. El filósofo lituano Salomón Maimon, admirado por Kant como "el más agudo y profundo de sus críticos", llegó a Spinoza después de estudiar el Talmud, la cábala y a Maimónides. En 1792, la Lebensgeschichte de Maimon, o Autobiografía, sorprendió a los lectores con la afirmación de que "es difícil comprender cómo el sistema de Spinoza podría haber sido diseñado para ser ateo, ya que los dos sistemas son diametralmente opuestos. El sistema ateo niega la existencia de Dios; Spinoza niega la existencia del mundo. Por lo tanto, el sistema de Spinoza realmente debería llamarse acosmismo".

Dado que la Ética afirma repetidamente que todo lo que existe, existe en Dios, Maimon tenía razón al enfatizar el compromiso de Spinoza con la existencia de Dios y con la inexistencia de cualquier cosa que no fuera (en) Dios. Pasando por alto la terca y pequeña palabra "en", Maimon argumentó que, para Spinoza, cualquier cosa que fuere es simplemente Dios.

Maimon ayudó a inspirar un nuevo legado alemán de Espinoza, que encontró una expresión memorable en la descripción de Novalis de Spinoza como un "hombre intoxicado de Dios". De repente, el condenado ateo se convirtió en el héroe de una religiosidad romántica radical, que podría afirmar ser más religiosa que la ortodoxia tradicional (en la medida en que descubrió la presencia de Dios en todas las cosas), pero libre de las viejas ilusiones de un Dios antropomórfico y una fe antropocéntrica y de los abusos del clericalismo. Heinrich Heine resumió este punto de vista en su Geschichte der Religion und Philosophie in Deutschland (1835): "Sólo la malicia o la falta de juicio podrían describir la enseñanza de Spinoza como 'atea'. Nadie se ha expresado más sublimemente sobre la divinidad que Spinoza".

A mediados del siglo XIX, la identificación de Dios con la naturaleza, o con el mundo, era vista como la característica distintiva del panteísmo; en 1836, S. T. Coleridge equiparó el panteísmo con "cosmoteísmo, o la adoración del mundo como Dios". En lugar de negar el mundo, el panteísmo lo deifica. Los teólogos cristianos consideran esta doctrina una herejía precisamente porque borra la diferencia entre Dios y la creación, una diferencia a menudo marcada por la palabra "trascendencia". Spinoza puede obligarnos a reconocer la trascendencia divina, pero no la niega. De hecho, los conceptos teológicos de inmanencia y trascendencia, considerados como términos opuestos, no surgieron hasta finales del siglo XVIII.

En la Ética, la diferencia entre Dios y el mundo radica en la palabra monótona pero críptica "en": "Lo que sea que fuere, es en Dios [*en Deo est*]". En 1943, Étienne Souriau, una filósofa brillante pero ahora ignorada que contribuyó a un notable renacimiento de Spinoza en Francia, sugirió que "el significado de la pequeña palabra 'en' es la clave de todo espinozismo". ¿Está el mundo disuelto (acosmismo) o deificado (panteísmo) en Dios-o-Naturaleza? ¿O el mundo está basado en un Dios trascendente en el que las entidades reales "viven y se mueven y tienen su ser"? ¿Y qué diferencia implica esto en la forma en que nos entendemos a nosotros mismos y en cómo vivimos, que es la cuestión decisiva de la Ética?

Esta recepción incómoda de la Ética en la filosofía anglófona contemporánea cambió dramáticamente con el resurgimiento de la metafísica analítica en la década de 1990. Una nueva generación de filósofos e historiadores de la filosofía rigurosamente entrenados, todos ellos en deuda con la astuta y erudita traducción de la Ética de Edwin Curley, encontraron inmensamente atractivo el estricto naturalismo de Spinoza, su sistemática, intransigente y profunda aversión hacia las ilusiones antropocéntricas. Don Garrett y Michael Della Rocca hicieron un trabajo innovador que reposicionó a Spinoza como un racionalista meticuloso. En 2017, Della Rocca reunió a veinticinco académicos para producir The Oxford Handbook of Spinoza, en gran parte dedicado a cuestiones metafísicas derivadas de la Ética y, desde entonces, OUP ha publicado importantes libros sobre la metafísica de Spinoza leída por los filósofos norteamericanos Sam Newlands y Martin Lin, así como una nueva colección de documentos sobresaliente de Garrett. La reciente explosión de los estuDios sobre Spinoza, y de la metafísica y la epistemología contemporáneas inspiradas en Spinoza, ha resultado en una profunda reorientación tanto de la filosofía analítica como de la continental. En muchos sentidos, Spinoza está reemplazando a Kant y Descartes como la brújula y la línea divisoria del pensamiento moderno.

. En la Ética, Spinoza considera la religión junto con otras virtudes como la piedad, la nobleza, la generosidad y la fortaleza. Sin ocultar su desprecio por las imágenes supersticiosas y antropomórficas de Dios, Spinoza pregunta qué significa conocer y amar al Dios que fundamenta nuestra existencia.

Prologo 2

Feuerbach: "Dios como esencia del hombre (*Homo homini Deus*)"

"El secreto de la teología es la antropología", afirma tajantemente el autor de *La esencia del cristianismo.*

Feuerbach, con esta sentencia lapidaria, se separa de la típica crítica de la religión de la filosofía de la ilustración. En esto sigue el específico pensamiento de Hegel. La religión y, en especial, la *idea de Dios,* ya no es un problema predominantemente epistemológico, sino histórico-antropológico. Feuerbach ya no se pregunta, como Kant, "¿cómo son posibles las preposiciones *a priori?",* o "¿cómo será posible la religión?", sino, simplemente, siguiendo a Hegel, fenomenológicamente, *"¿qué es la religión?"* y *"¿qué entendemos por Dios?".* Feuerbach, por lo tanto, aterrizaba una valoración secularizada del hombre, cuyo proceso arrancó a partir de la filosofía de Descartes. Hegel coronará ese devenir histórico donde afirmaba, "lo racional es real y lo real es racional", unificando, en simbiosis lógico-metafísica, lo divino y lo humano, Dios y hombre. En el fondo, como consecuencia de la modernidad, la crítica del cielo se tornaba, también, crítica de la tierra.

Prologo 3

EL DILEMA DE LA FILOSOFÍA DE FEUERBACH

Si el marxismo, como escribe R. Garaudy, ha recibido en herencia "el humanismo prometeico de la Revolución francesa" y aquella "certeza en la omnipotencia del hombre" (1969: 302), con Feuerbach este "humanismo" y esta "certeza" adquieren un nuevo aspecto y constituyen una de las características del marxismo, que lo colocan entre aquellas corrientes de pensamiento que mejor expresan las inquietudes del pensamiento moderno. Un pensamiento moderno que era, sobre todo, exigencia de *autonomía,* de *naturalismo,* de subrayar el mundo del hombre y críticar a una filosofía meramente especulativa.

En efecto, el "humanismo" de Feuerbach, que considera al hombre no en su "idealidad", sino en su "concentricidad" sensible, es el fruto de su antropología, de su concepción de la alienación del hombre en la religión y de su crítica a Hegel. En otras palabras, el humanismo de Feuerbach es la conclusión, y, en cierta manera, la síntesis de su hegelianismo, de su naturalismo, de su materialismo. Marx tomará de Feuerbach, precisamente, el materialismo y aceptará —superándola— su crítica a la religión.

Ludwig Feuerbach, En 1832 publica sus *Pensamientos sobre la muerte y sobre la inmortalidad,* en donde ataca las posiciones de "la derecha" del hegelianismo, defendiendo la inmortalidad solamente para la "humanidad" en su desarrollo histórico, pero negándola al individuo. La publicación de esta obra le impide a Feuerbach la enseñanza universitaria, pero no la meditación, ni la libertad para escribir. Entre sus publicaciones principales, a partir de 1836, encontramos *Historia de la nueva filosofía* y *Crítica de la filosofía hegeliana,* pero, sobre todas ellas, descuella su famosísima *La esencia del cristianismo (Das Wesen des Christentums)* publicada en 1841.

Con *La esencia del cristianismo* se abre, dentro de las filas de la "izquierda hegeliana", una nueva época. Por ella, en palabras de Engels, *todos fuimos feuerbachianos.*[1] Y Marx, ya en 1842, exhortaba a los teólogos y filósofos especulativos a dejar a un lado los conceptos y prejuicios del pasado especulativo, para llegar a la verdad que, a través de Feuerbach, les llegaba, y mostrando su ardor por la obra de Feuerbach, en su *Lutero, árbitro entre Strauss y Feuerbach,* escribía lo siguiente: "Avergonzaos, cristianos, nobles y plebeyos, doctos e ignorantes, avergonzaos de que un Anticristo deba mostraros la *esencia del cristianismo* en su verdadera forma" (Marx, 1950:56). El entusiasmo que suscitó *La esencia del Cristianismo* obligó a Feuerbach, en 1848, a salir, por un breve periodo, de su aislamiento para impartir algunas lecciones en Heidelberg, sin participar, sin embargo, en las actividades políticas.

Con *La esencia del cristianismo,* Feuerbach se proponía demostrar que los atributos que nosotros adjudicamos a Dios, no son sino los mismos deseos y sentimientos del hombre sublimados.

En 1843 publica dos escritos con finalidad antimetafísica: *Tesis provisorias para la reforma de la filosofía* y *Principio de la filosofía del porvenir.* Volviendo al estudio de la crítica a la religión, después de corregir su *Esencia del cristianismo* Feuerbach escribe en 1844 *La esencia de la fe según Lutero* y en 1845 *La esencia de la religión.* En una carta de Marx, con fecha 11 de Agosto de 1844, el *Lutero* y los *Principios* de Feuerbach son mostrados como los escritos que han dado "al socialismo un fundamento filosófico", y en tal sentido, según Marx, fueron interpretados por los comunistas. En 1857 Feuerbach publicó su última obra de cierta importancia: *Teogonía.* En 1860 se transfirió a Rechenberg, en las cercanías de Nuremberg, en donde vivió en miseria, dedicado a las ciencias naturales. Muere el 13 de septiembre de 1872.

Con Feuerbach no muere ni su amor por el hombre sensible, ni su crítica a la religión. Ésta será la labor de Marx. El hombre que Feuerbach intentó liberar no fue, ciertamente, el hombre del iluminismo o del romanticismo, sino el hombre de carne y hueso, aquél de quien el mismo Feuerbach decía: "el hombre es lo que come" (Giannantoni, 1969: 114). Lo trató de liberar de la *alienación religiosa,* o sea, según el mismo Feuerbach, del impulso más puro del hombre y por consiguiente el más fuerte de romper: la divinización de las aspiraciones del hombre. De esta manera, el punto de partida de la *antropología* materialista de Feuerbach es el hombre, el hombre sensible, "el hombre natural", aquél hombre que ocupara el último pensamiento de Feuerbach: "Mi primer pensamiento era Dios; el segundo, la razón, el tercero y último, el hombre" (Gollwitzer, 1970: 51). Sin embargo, Feuerbach, contra sus expresas declaraciones, y por los mismos escritos, no dejó jamás de abordar —existencialismo sentido— *el problema de Dios.* En frase de Sergej Bulgakov: "Dios lo atormentó toda la vida" (Wetter, 1948: 16).

Conviene precisar que fue Feuerbach quien llevó la crítica de la religión "al hombre de la calle", rompiendo el estrecho círculo que la encerraba en la izquierda hegeliana. En este sentido, Feuerbach termina con el *ateísmo clásico tradicional,* que negaba la existencia de Dios de una manera *negativa,* e inicia un *ateísmo de tipo positivo* que trata de "engrandecer al hombre", de destruir el mito-Dios precisamente para convertir al hombre, como dice Marx, en el *ser supremo.*

"Los marxistas, escribe C. Fabro, ven a Feuerbach el teórico del nuevo ateísmo, o sea, del positivo, y constructivo, en cuanto tiene por objeto a diferencia del ateísmo del materialismo metafísico, no la crítica de Dios, sino la interpretación y la *construcción del hombre"* (Fabro, 1962: 41). Ya desde sus *Principios de la filosofía del porvenir* convierte al hombre en el objeto único, universal y supremo, haciendo de la antropología una ciencia universal. Su crítica a la religión habrá que interpretarla, por consiguiente, a la luz de un humanismo radical y exclusivo.

Prologo 4

FEUERBACH: LA "INVERSIÓN" DE HEGEL

Uno de los puntos débiles de la filosofía de Hegel era la explicación de la *naturaleza.* De tal manera Hegel estaba convencido de la imperfección de la naturaleza en relación con el espíritu que no se inquietaba en lo más mínimo. "Si los hechos -decía-, no se adaptan a las leyes de la filosofía, peor para los hechos".

En el terreno religioso, según Feuerbach, el hombre debe ocupar el lugar de Dios: tomar como fin "aquello que la religión presenta como medio, exaltar a la dignidad de principio, de cosa esencial, de causas, aquello que para la religión es cosa secundaria, accesorio, condición"., Según Feuerbach, el hombre, en la religión, era solamente *un medio,* una condición para llegar a Dios, la única cosa importante. El amor, por la religión, se convertía en un sentimiento puramente aparente e ilusorio: "el amor religioso, decía, no ama al hombre sino por el amor de Dios, o sea, ama al hombre sólo aparentemente, en realidad ama a Dios" (1960a: 325

Para Feuerbach, el espíritu infinito o absoluto de Hegel era el mismo espíritu finito, alienado de sí mismo. Se debería, pues, reducir el infinito al finito, no el finito al infinito. "Hegel parte del infinito, porque toma como punto de partida todavía el antiguo punto de vista metafísico del absoluto y del infinito, y de esta manera descubre en el infinito la necesidad de la limitación, de la determinación, de la finitud; yo, en cambio, meto el infinito en el finito" (De aquí la necesidad, según Feuerbach, de cambiar los términos: hacer del hombre *el sujeto* y de Dios *el predicado,* al contrario de la religión. No atribuir a Dios el *ser* y al hombre *solamente* la *conciencia.*

Si, por consiguiente, como dice la filosofía hegeliana, Dios es conciencia de sí en la conciencia que el hombre tiene de Dios, la conciencia humana *es por sí* una conciencia divina. ¿Por qué, pues, alienar del hombre su conciencia y hacer la autoconciencia de un ser diverso de él? ¿Por qué atribuir a Dios *el ser* y al hombre solamente la conciencia? ¿Dios tiene su conciencia en el hombre y el hombre su ser en Dios? ¿La conciencia que el hombre tiene de sí es la conciencia que el hombre tiene de Dios? *¡Qué absurdo y qué contradicción!* Cambiemos los términos y obtendremos la verdad: *el conocimiento que el hombre tiene de Dios es el conocimiento que el hombre tiene de sí mismo, de su propia naturaleza*

Feuerbach, por consiguiente, según sus palabras, trataba de poner al hombre sobre sus propios pies y no, como se encontraba en Hegel, de cabeza. El esfuerzo de Feuerbach por realizar esta síntesis del infinito y del finito en el hombre, de conciliar el corazón con el pensamiento, su fe en la naturaleza, en la ciencia y en el progreso, encontró una grata acogida entre todos aquellos que se consideraban herederos de la crítica religiosa del siglo XVIII.

Si Hegel, pues, había convertido la religión en "razón" y, en último término, en filosofía, Feuerbach, optando por "el hombre" concreto y sensible, convierte la teología en antropología.

La inversión de Hegel, por consiguiente, según Feuerbach, está terminada. Su crítica, de aquí en adelante, partirá del conocimiento psicológico del hombre concreto, ya no de los conceptos hegelianos de finito e infinito.

Feuerbach se esforzará en demostrar que la distinción entre el hombre y lo divino no es sino una *ilusión,* y que, por consiguiente, el objeto y el contenido de la religión cristiana son *cosas puramente humanas.* "Nuestra tarea, es demostrar que la distinción entre lo que es humano y lo que es divino, no es más que ilusoria, que no es más que la distinción entre la esencia de la humanidad, entre la naturaleza humana y el individuo; y que, por consiguiente, el objeto y la doctrina cristiana son humanos y nada más" (Feuerbach, 1960a: 39).

Su filosofía será, pues, el intento de convertir en antropología no sólo la teología, sino también la filosofía especulativa. La conciencia religiosa, así como la especulación hegeliana, tendrían que ser acusadas de falsa conciencia, ya que "solamente la verdad que se ha convertido en carne y en sangre puede ser tenida como verdad" El hombre, para Feuerbach, debe tener sólo un amor: el hombre; una religión: la religión del hombre.

"El hombre es el Dios del hombre: *'homo homini Deus'.* Para Feuerbach, el Dios hecho hombre, en el cristianismo, no es sino "la manifestación del hombre hecho Dios", ya que la elevación del hombre a Dios es primero que el rebajamiento de Dios al hombre. "El hombre era ya un Dios, era ya uno mismo, antes que Dios se convirtiese en hombre, o sea, haya aparecido como hombre"

Feuerbach, por consiguiente, no tiene la intención de suprimir la religión, sino, más bien, *superarla* (aufgehoben), de una manera semejante a la "inversión" que hace del cristianismo: la enseñanza del cristianismo histórico consistía en que Dios se había hecho hombre; ahora un cristianismo verdadero debería enseñar que el hombre debe convertirse en Dios (Por esta razón, Feuerbach sigue siendo, para Marx un teólogo, un "teólogo crítico", incapaz de hacer una crítica verdadera, ya que ha postulado un hombre todavía *ideal,* un Dios con *categorías ideales,* al igual que el Dios de la religión que criticaba. Feuerbach no explicará, según Marx, —ya que lo hará de una manera *intelectual e idealista*— los orígenes de la *alienación religiosa.* El hombre resulta, pues, para Feuerbach la primera realidad y no Dios. Éste no es sino la imagen del hombre.

El misterio de la religión, para Feuerbach, consiste en que el hombre "proyecta el propio ser fuera de sí mismo y después lo hace objeto de este ser metamorfoseado en sujeto, en persona" Al mismo tiempo, la miseria de la religión se manifiesta en que este mismo hombre no reconoce que su Dios o sus Dioses no son otra cosa que "deseos, realizados, el más grande deseo, la suma fortuna del filósofo, del pensador"

Por otra parte, aunque si para Feuerbach "Dios es, con relación al hombre, el compendio de sus más grandes sentimientos y pensamientos, y el libro en donde escribe los nombres de los seres más queridos, más santos", aunque si el mismo Feuerbach reconoce que "los cristianos, haciendo de Dios un ser a sí mismo suficiente, objeto de pura adoración, van, sin duda, eliminando muchas concepciones vergonzosas"

Si Feuerbach reconoce, por un lado, que la religión corresponde "a los fines y a las necesidades humanas", si cree, al mismo tiempo, que la "fe confiere al hombre un particular orgullo y una particular presunción", no por ello deja de pensar que la razón, en sus relaciones con las ideas religiosas, debe destruir esta *ilusión:* "una ilusión, sin embargo, nada inocua, porque ejercita sobre el hombre una influencia fundamentalmente perniciosa y funesta, destruye sus fuerzas para la vida real y le hace perder el sentido de la verdad y de la virtud"

De aquí que Feuerbach considere la religión como una cosa perniciosa al hombre y, por tanto, inadmisible: "nuestra tarea esencial, escribe, se ha completado con esto, hemos reducido la esencia de Dios extramundana, sobrenatural, y sobrehumana, a las partes esenciales de la esencia humana como a sus partes fundamentales" Esta expoliación del hombre a favor de Dios, este despojarse de una parte del hombre, representa, pues, para Feuerbach, lo que Marx llamará, más tarde, *la alienación humana.*

La crítica de la religión, por consiguiente, se justifica, según Feuerbach, desde el momento que trata de liberar a la humanidad de un Dios que existe "solamente en fe, solamente en el corazón del hombre: porque Dios no es otra cosa sino la esencia de la fantasía o de la imaginación, la esencia del corazón humano" Por esto, Feuerbach no puede huir de un dilema terrible: "La cuestión de la existencia de Dios... es, para mí, la cuestión de la no existencia o de la existencia del hombre" (Gregoire, 1947: 147).

Feuerbach llega, por consiguiente, al *ateísmo positivo.* Niega a Dios porque quiere engrandecer al hombre. Y aunque si *realmente* piensa que el hombre "es el principio de la religión, el hombre es el centro de la religión, el hombre es el fin de la religión" (, considera, después de todo, que en la religión, Dios ocupa el primer lugar, cuando, en realidad, le debería corresponder el segundo.

Prologo 5

FEUERBACH: ¿RELIGIÓN COMO ESENCIA DEL HOMBRE?

Feuerbach en *La esencia del cristianismo* (1841) había intentado transformar la *teología* en *antropología.* La esencia de Dios y los predicados de la divinidad no eran sino expresiones de la misma esencia del hombre. Así, Feuerbach alargaba y extendía el mismo concepto del hombre. Todo lo que se predicaba de Dios no era sino la misma naturaleza del hombre.

Prologo 6

FEUERBACH: EL PRIMADO DEL SER

En *De ratione una, universali, infinita,* la tesis doctoral (Dissertation) de 1828, Feuerbach exalta la filosofía idealista hegeliana y coloca a la *'Vernunft'* (razón) en un lugar preeminente y trascendente frente al mero *factum* o empiricidad. Contra C. Fr. Bachmann, que en 1835 había escrito un *Anti-Hegel,* opone en el mismo año su *Kritik des 'Anti-Hegel'* donde critica el desnudo empirismo rechazando por lo mismo una filosofía que intentase encerrar el problema de la verdad en el puro dato concreto. Contra Franz Dorguth, autor de una *crítica al idealismo,* Feuerbach afirma la preeminencia del pensamiento sobre la materialidad de la "función cerebral". Se pregunta, en la misma línea del horizonte hegeliano: "¿Cómo puede el hombre llegar a concebir la materia, cómo puede llegar a llamar cuerpo a su cuerpo, si él no fuese más que cuerpo? No es posible que exista el concepto de materia allí donde únicamente hay materia. La materia sólo existe para un ser distinto de la materia" (Feuerbach, 140).

En el fondo, en estas reacciones a la crítica a la filosofía idealista, resuenan todavía los acentos kantianos y sobre todo, hegelianos de los conceptos de *límite, finitud-infinitud* como relaciones recíprocas. La conciencia de límite y de finitud no puede no exigir el paso al no límite o la no finitud.

El *no sentido* de la *no* existencia, y, el sentido de que algo existe, es el verdadero sentido de la existencia. Es decir, es la conciencia al fin de cuentas la que toma sentido del *no sentido* de la no existencia. Y si esto es así, la conciencia misma sería un fundamento del ser. No la *cosa* o el *objeto* en sí. Como lo afirma Feuerbach: "No hay verdad más que en la unidad de la conciencia y del ser"

Feuerbach, por otra parte, cree en la necesaria indivisibilidad o unidad entre conciencia y conocimiento. Pensar es, de alguna manera, producir. Es relación entre el sujeto que piensa y el objeto que se piensa. Pero para que sea *real* se necesita no abstraer el sujeto del objeto, de la naturaleza. Esta teoría del conocimiento se avocaría al realismo, a un conocer que conduciría al mundo, a una realidad. Como idea, por lo menos. Sin embargo, esta línea de pensamiento, creo que el mismo Feuerbach no la seguiría posteriormente al no aplicarla, de una manera exhaustiva, a la idea de Dios. Critica, con toda razón, el subjetivismo, pero él supone que toda forma religiosa suprimiría el objeto o lo natural y lo aislaría en un mundo meramente fantástico. En el fondo, es su radical crítica a la especulación hegeliana y el no admitir la fundación del ser en un *absoluto abstracto* como principio. *Ser* es el fundamento. *Ser* es "lo primero". El *ser* es el *sujeto,* el *pensamiento* el *predicado*. Son sus temas en su *Principios de la filosofía del futuro* de 1843.

Prologo 7

HOMO HOMINI DEUS

"El secreto de la teología es la antropología", afirmaba tajantemente el autor de *La esencia del cristianismo*. Feuerbach, con esta sentencia, se separaba de la típica crítica de la religión de la filosofía de la ilustración. En esto se guía el específico pensamiento de Hegel de la religión y, en especial, la *idea de Dios;* ya no era un problema predominante epistemológico, sino *histórico-antropológico*. Feuerbach ya no se preguntaba, como Kant, "¿cómo serán posibles las proposiciones *a priori?*", o "¿cómo será posible la religión?", sino, simplemente, siguiendo a Hegel, fenomenológicamente, *"¿qué es la religión?"* y *"¿qué entendemos por Dios?".*

Desde el punto de vista histórico-psicológico, Feuerbach es deudor de J. Bôheme, quien encuentra en la subjetividad humana gran parte del origen de los conceptos religiosos. "El ojo con que Dios me mira, es el ojo con que yo lo miro", exclamaba el célebre místico alemán. Influencias las tendrá también de parte de Giordano Bruno y Baruch Spinoza en un no camuflado panteísmo. Por lo menos en ese acentuar *lo divino* ya no era una idea trascendente, sino en el mundo. Feuerbach, por lo tanto, aterrizaba una valoración secularizada del hombre, cuyo proceso arrancó a partir de la filosofía de Descartes. Hegel coronaría ese devenir histórico donde, como afirmaba, "lo racional es real y lo real lo racional", unificando, en simbiosis lógico-metafísica, lo divino y lo humano. Dios y el hombre. En el fondo como consecuencia de la modernidad, la crítica del cielo se tornaba, también, crítica de la tierra.

Feuerbach, ahí sí en la línea de la *filosofía práctica* de Kant, ubicará la idea de Dios, no en la razón teorética, sino en esa dimensión de la subjetividad, propia del sentimiento, no de la razón, tal y como lo sostenía el pensamiento de Schleiermacher. Por una parte, Hegel sostenía que la religión era, esencialmente, *espíritu,* no *sentimiento de dependencia* como sí lo pensaba Schleiermacher. Feuerbach, por lo tanto, en la *esencia de la religión,* trastoca los términos de su anterior concepción de la religión. Dios sigue siendo una *sublimación,* una "idea de la razón del hombre", pero tiene en la *naturaleza* su razón "objetiva", no porque 'Dios' sea la naturaleza. Sino porque, más bien, esa *idea sublimada (Dios)* tiene su origen en la naturaleza, tiene en ella su fundamento; Dios es la 'esencia abstracta del mundo'. *Hombre y naturaleza* conformarán el sentido de la teología.

Algo parecido a lo que el nombre de Dios será para Wittgenstein: *el sentido del mundo.* La *esencia divina* no será para Feuerbach, sino una esencia "objetivada de la fantasía". Religión, por lo tanto, no sería otra cosa que un sueño fantástico del espíritu humano. Y si es "sublimación" de la naturaleza del hombre y expresión de la naturaleza en sí, expresa una profunda riqueza. Es, pues, una *antropología* y una *fisicoteología.*

Feuerbach, por lo tanto, llevará a término la crítica que Hegel empezara. Diferente también, a partir de Hegel, a la típica crítica de la religión, de la filosofía de la ilustración. Con Hegel y Feuerbach iniciarán otros paradigmas que influenciarán otros horizontes de estudio sobre el fenómeno de la religión.

 Empezamos por Renato Descartes (1596-1650), filósofo francés, representante del racionalismo, que identifica, entre las ideas innatas, la de Infinito, Dios, cuya existencia demuestra desde esta misma idea; pero Dios garantiza la del mundo, que tiene como propiedades primarias la extensión y el movimiento.

Baruch Espinosa (1632-1677) sostuvo la existencia de un sistema único, cuyas partes sólo se justifican y fundamentan en él y es, por tanto, un monista panteísta: *Deus sive Natura.* Este Dios o la Naturaleza posee infinitos atributos, de los que destaca como conocidos el pensamiento y la extensión.

Godofredo Guillermo Leibniz (1646-1716), alemán, distingue entre "verdades de hecho" y "verdades de razón". Éstas son analíticas: en el análisis del sujeto se descubre que el predicado le conviene y tienen su fundamento en el entendimiento divino. Utiliza la prueba ontológica para demostrar la existencia de Dios, introduciendo una corrección: piensa que no basta pasar de la idea de un ser infinito y perfecto a su existencia real; hay que demostrar su posibilidad.

Nicolás Malebranche (1638-1715), filósofo francés, para quien lo finito sólo puede verse *desde* lo infinito. Por tanto, sólo puede entenderse todo ser desde la existencia de una esencia infinita.

El hombre no busca sólo certezas intelectuales, sino también seguridad existencial (Pascal).

David Hume (1711-1776), filósofo inglés empirista, con Locke y Berkeley (mitad místico y mitad empirista), parte del supuesto de que sólo podemos pasar de una impresión a otra, pero no a algo de lo que no hemos tenido impresión nunca, para afirmar que por esto no se puede fundamentar una prueba de la existencia de Dios partiendo del principio de causalidad (como hacen Locke y Berkeley).

En la Ilustración, los filósofos, entre ellos el mismo Locke, convirtieron la razón en juez y guía en todo, y sólo en ella se puede fundamentar lo religioso: es preciso –dice este filósofo– *que la verdadera religión sea racional*, puesto que su contenido puede ser comprendido por la razón. Pero…qué es la razón para Locke? Él mismo nos lo dice: Es "el descubrimiento de la certidumbre o de la probabilidad de las proposiciones o de las verdades que la mente logra alcanzar por medio de la deducción partiendo de aquellas ideas que adquiere por el uso de sus facultades naturales, a saber: la sensación o la reflexión", (704, L. IV, de su "Ensayo sobre el entendimiento humano", F.C.E., México, 1.956).

Manuel Kant (1724-1804), filósofo alemán, que establece como *postulados* de su "Razón Práctica", la libertad, la inmortalidad del alma y la existencia de Dios; pero aquí postulado viene a ser algo que no es demostrable, sino una supuesta condición de la moral misma.

Rechaza, pues, toda religión positiva, y si queremos expresarnos en términos hegelianos también podemos decir que rechaza toda *positividad* en la religión. Es decir, rechaza lo religioso reducido a ritos y dogmas, que son mantenidos por una iglesia institucionalizada, si no están avalados por la razón práctica. Kant y otros filósofos ilustrados redujeron la religión a moral.

Prologo 8

Dios en el romanticismo y en el idealismo

Prescindiendo de Lessing, Fichte, Schelling, etc., y otros románticos como la corriente del Sturm und Drang, entre ellos Schiller, Hölderlin o Goethe, vamos a detenernos en Georg Wilhelm Friedrich Hegel (1770-1831), filósofo alemán en quien no sólo están presentes perfiles del romanticismo, sino un racionalismo radical que le llevará a pensar que la historia de la razón ha concluido en su obra filosófica. Hegel establece la *dialéctica* como estructura de lo real, y ajustándose a ella debe proceder el conocimiento. Aporta la conocida triplicidad de *tesis, antítesis y síntesis*, que no hay que entender como algo meramente formal: son momentos co-implicados, que el mismo Hegel denomina: *intelectual* (abstracto), *dialéctico* (negativo-racional) y *especulativo* (positivo-racional).

Prologo 9

El ateísmo marxista posthegeliano

La filosofía que nació de la izquierda hegeliana, principalmente el marxismo, que se extendió a lo largo de los siglos XIX y XX, hasta nuestros días, promovió una imagen atea de la realidad. Sin embargo, el marxismo, durante dos siglos, aunque en la forma de la negación, ha seguido girando en torno al problema teologal del hombre. La gran cuestión en torno al fundamento metafísico del poder de lo real que no puede sino verse en el marco de fondo del problema de Dios, que el marxismo resolvió de una forma atea, que no por ello dejó de ser teologal.

Ludwig Feuerbach (1804-1872), filósofo alemán, fue inicialmente teólogo, bautizado en el cristianismo y, más tarde, con aspiraciones a pastor evangélico. Da pasos hacia el hegelianismo, con cierta desorientación entre filosofía y teología. Pero quedémonos sólo con su teoría de la *proyección antropológica*: todo queda reducido al hombre, del que interesa su realidad genérica profunda, que debe cuidarse de realizarla, no perdiendo el tiempo con la construcción de un "Dios" ilusorio, porque "Dios no es más que un mito en el que se expresan las aspiraciones de la conciencia humana: el que no tiene deseos no tiene Dios…," (Cita de D.H., 32).

Carl Heinrich Marx (1818-1883), filósofo, político y sociólogo alemán, pasó de judío a ateo, de ateo a socialista y a materialista dialéctico. En cuanto a la religión, es bien sabido que la calificó de opio del pueblo y sostuvo que no cabe abordarla desde la esencia humana en general: hay que determinar las condiciones sociales y políticas en las que tiene lugar su génesis y evitarlas para eliminar la ideología religiosa.

Las injusticias e inhumanas relaciones sociales deben ser desterradas, porque son las causantes de la alienación religiosa. Es que superando la situación que necesita de ilusiones, se logra establecer la "verdad del más acá", haciendo desaparecer la del "más allá": la crítica de la teología debe ser cambiada por la crítica de la política. El ateísmo debe imponerse como visión del mundo.

Ernst Bloch (1885-1977), filósofo alemán, adscrito al socialismo y al marxismo y exiliado en Suiza y EE.UU. Su gran tema es el hombre, con una actitud filosófica del *todavía no*: el hombre tiene una existencia inconclusa, por eso su apetito es un motor excelente. En su obra "El principio de la Esperanza" contesta en perspectiva humana a las preguntas que solemos hacernos: de dónde venimos, a dónde vamos, qué hay con la esperanza, etc. El hombre está en un proceso de "extralimitación", de "transcendencia": prima la esperanza, la "docta spes".

En otra línea, Max Horkheimer (1895-1973), filósofo y sociólogo alemán, aplicó el materialismo dialéctico a la crítica social. Parte de un *sentimiento de injusticia*, que instiga el deseo de verla superada, como justicia perfecta y satisfactoria. No ignora que es en la religión donde se concentran estos deseos, con una clara añoranza por lo otro, por lo "absoluto" y lo "definitivo", que no se alcanza en la Tierra.

Prologo 10

La cuestión teologal desde la evolución, el vitalismo y el existencialismo

Sobre Darwin y su evolucionismo se escribió tanto que no es fácil apuntar algo que resulte indiscutible, aunque pienso que no cayó en el ateísmo: siempre defendió sus teorías sin preocuparse de combatir las creencias religiosas, más bien fueron éstas las que le salieron al paso. Hay evidencias de que, cuando publicó "El origen de las especies", creía en una divinidad que creó los protoorganismos, aunque parece que finalmente fue agnóstico. En todo caso, es claro que la vida de Darwin, por familia, por influjo social y por las repercusiones de su misma obra científica, se vio siempre envuelta en el problema teologal enmarcado en el problema de Dios y de lo religioso.

Friedrich W. Nietzsche (1844-1900), filósofo alemán, principal representante de la filosofía vitalista, dejó una frase que pasó a ser patrimonio de los estuDiosos: "¡Dios ha muerto!". En "Así habló Zaratustra" argumenta que el hombre tiene que sobrepasarse a sí mismo, y crea dos grandes imágenes: el superhombre y el eterno retorno; aquél para ocupar el puesto de Dios, y éste como método de superación, mediante la afirmación de la vida terrenal, afirmación ésta que es "eterna", y, por eso, la "voluntad de poder" alcanza su más alto grado en el "eterno retorno".

En el marco del vitalismo, una serie importante de autores plantearon también el problema religioso. Lo hizo Bergson de una forma distanciada. Maurice Blondel fue quizá el paradigma del vitalismo religioso y cristiano. Teilhard de Chardin está en su línea.

Pierre Teilhard de Chardin (1881-1955), paleontólogo, arqueólogo y filósofo francés, S.J, intentó descubrir a Dios en el progreso, puesto que, aunque para él Dios no es la evolución, está en ella, está dentro del proceso de la evolución: Es el centro de convergencia de la *cosmogénesis*; es la meta, la Omega. No se le puede negar el gran papel que desempeñó en considerar conjuntamente las ciencias naturales y la teología, es decir, en ensayar un proceso de unión de la *racionalización y la razonalización*.

Alfred N. Whitehead (1861- 1947), filósofo y matemático británico, entiende la naturaleza como un proceso, con infinitos *acontecimientos* (unidades mínimas en mutua relación), lo que lleva aparejado el carácter dinámico de la realidad; un proceso, pero sin meta. Pero, ¿cuál es su concepto de Dios? Es una Realidad que deviene, que está en proceso. En su obra, "Process and Reality", distingue en Dios una naturaleza *primordial* y otra *subsiguiente*. Primordial, en cuanto Dios es con toda la creación, no antes.

Subsiguiente, en cuanto hace efectiva su visión de la verdad, la belleza y la bondad. Metafísicamente lo concibe, en perspectiva hegeliana, como unidad dialéctica en el flujo que, sin embargo, es la permanencia profunda del universo. Hay, por supuesto, una indiscutible unidad de complementariedad entre Dios y el mundo. Whitehead es el padre de la filosofía y de la teología del proceso, de gran influencia en América. El Dios de esta filosofía es como un Dios platónico, como un alma del mundo, que lucha con el mundo, al lado del hombre, para combatir el sufrimiento del que no es responsable.

Mientras, Martín Heidegger (1889-1976), filósofo alemán, existencialista, se pregunta por el ser. Acusa la influencia de Kierkegaard y Husserl. El ser sólo puede ser pensado, redescubierto, desde el hombre (Dasein), que supera todo ente individual, pero no en orden a un Dios, sino en orden a un ser, como horizonte de todas sus facultades: entender, conocer, etc., entendiéndolo como un Dasein, un "ser-ahí", un estar saliendo de sí mismo hacia el ser. Se esfuerza por superar la metafísica tradicional y ante el problema de Dios es cauteloso.

Sobre la posibilidad del conocimiento de Dios por el hombre, piensa que "sólo puede presuponerse si la naturaleza del hombre permanece íntegra después del pecado", porque el hombre anterior a la caída "hubo de tener un conocimiento superior de Dios en virtud de un *donum superadditum* (un don sobreañadido), que, según sabemos, consta de las tres virtudes teologales. El hombre pierde este "más" por el pecado, pero no pierde el estar situado ante Dios, y esto es lo decisivo"

Sin embargo, la cuestión de Dios está excluida en "Ser y Tiempo", obra principal de Heidegger; pero no hay que desconocer que desempeña una función en su pensamiento desde el principio. Aquí se puede obtener una idea del papel de la teología en el pensamiento de este filósofo. Parece mostrar un paralelismo sorprendente con Rudolf Bultmann, y se corresponde bastante con aquello que se le atribuye: "mi filosofía es estar a la espera de Dios". "Heidegger confiaba que un día la noche del eclipse de Dios sería superada y aparecería *un nuevo Dios a la luz del ser*"

Prologo 11

Los matices de la filosofía analítica ante la cuestión de Dios

En este artículo, y en los dos precedentes, hemos defendido que la idea de Zubiri de que la dimensión teologal del hombre afecta constitutivamente a la esencia humana, parece ponerse en duda en la filosofía analítica.

Después de presentar qué es la dimensión teologal del hombre para Zubiri (en el primer artículo) y después de comprobar que, en efecto, la presencia del problema de Dios en los grandes científicos, en un sentido u otro, teísta o ateísta, es universal (en el segundo artículo), ahora, en este tercer artículo, estamos comprobando que la filosofía moderna ha tenido también a Dios, y a la religión, como protagonistas fundamentales, bien para afirmar o para negar, pero sin poderse salir del protagonismo de la condición teologal del hombre que lo inserta constitutivamente en el ámbito problemático de lo divino.

Sin embargo, la filosofía analítica podría entenderse como la afirmación de que para el hombre la cuestión de Dios no tiene sentido. Si fuera así podría decirse que el problema teologal no existe para el hombre. ¿Es así? Así es, en efecto, que para la filosofía analítica lo religioso no tiene sentido. Pero esta es la conclusión que resulta de un esfuerzo metafísico colosal (la filosofía analítica) que responde a la inquietud humana (teologal) inevitable ante el problema de Dios. El esfuerzo de la filosofía analítica no es sino un episodio más de la condición humana inquieta ante el problema de Dios. En otras palabras: decir que Dios no tiene sentido es una respuesta a la inquietud teologal del hombre.

En la filosofía analítica no se discute tanto si Dios existe o no existe, como si la palabra "Dios" tuviera sentido. Lo que ocurre es que no tiene sentido. Esto se deduce, además, de la aceptación del principio empirista de verificación y del positivismo lógico como filosofía, tal como ocurre con A.J. Ayer, en "Lenguaje, verdad y lógica". Esta es también la posición antimetafísica del Círculo de Viena, alguno de cuyos integrantes se pregunta si Dios es un *sinsentido* (nonsens).

En este marco de crítica de lo religioso dentro de la filosofía positivista y analítica, **Ludwig Wittgenstein**, por su parte, mantuvo que "Dios" es algo no expresable, "inefable". Dios pertenece al "problema de la vida" y, por ello, para Wittgenstein, en el ámbito de la vida, tendría sentido para Wittgenstein lo que estamos llamando el problema teologal del hombre.

Prologo 12

El eco de la cultura en las teologías del siglo XX

Entre los protestantes, recordemos la teología dialéctica de Barth que insistió en el acceso a la afirmación de Dios por la fe, en el marco de la teología protestante. Carl Bultmann, adalid de la filosofía existencial, que afirma que "la existencia auténtica no está en poder del hombre; sólo Dios y su palabra la hacen posible"

La hermenéutica, como doctrina de la palabra de Dios a la que el hombre se adhiere por la fe, como presentan E. Fuchs y G. Ebeling. La teología sistemática de Paul Tillich centrada en abordar el abanico de problemas que acucian al hombre moderno. La postura de Dietrich Bonhoeffer, que se ocupa de la "ética de la responsabilidad" religiosa en una sociedad sin Dios. La teología de la secularización de Friedrich Gogarten: "la secularización (…) tiene su fundamento en la fe cristiana y es una legítima consecuencia de ella". Al mismo tiempo, otras teologías han respondido a los problemas que se plantearon desde el modernismo hasta el giro antropológico moderno. En ellas se incluyen, entre otros T. de Chardin, de Lubac, Congar, Karl Rahner, etc. También la teología como historia, de Pannenberg en que Dios se autodesvela "por medio de gestas que él realiza en la historia. La teología política, con Metz, Moltmann y la teóloga D. Sölle; la teología de la experiencia cristiana, que entiende "el cristianismo como una interpretación creyente de la realidad y de la historia"

La importante teología de la liberación, con su espectacular desarrollo en América del Sur (Véase "Mysterium liberationis", con una presentación de Ellacuría y Sobrino: Tomo I y II). La teología negra, con James Cone, Major Jones, etc., que defiende el propio ser de los negros y se centra en plantear su liberación, sobre todo en Norteamérica.

Puede recordarse también la teología feminista, con Letty Russell, Rosemary Radford, Anne Carr, etc. Estas autoras se preguntan y cuestionan el lenguaje andro-mórfico de Dios y hablan de la "espiritualidad de la Diosa", razonando por qué las mujeres tienen necesidad de Ella. Igualmente han aparecido, y podríamos recordar, una teología del tercer mundo y las propuestas ecuménicas y de diálogo con la sociedad secular del teólogo Hans Küng.

Capítulo 1

De Anselmo a Gödel

San Anselmo de Canterbury (1033-1109) definió a Dios como aquello de lo cual nada mayor puede concebirse, argumento del cual también parte Kurt Gödel. Kurt, era en austro húngaro, actual República Checa, nació 28 de abril de 1906-murio enPrinceton, Estados Unidos; 14 de enero de 1978, fue un lógico, matemático y filósofo austríaco. Intimo amigo en Princeton de Albert Einstein, largas conversaciones en alemán mantenían en sus caminatas. Kurt Gödel es el más genial matemático lógico de todos los tiempos cabeza a cabeza con Aristóteles. Se le conoce sobre todo por sus dos teoremas de la Incompletitud, publicados en 1931, un año después de finalizar su doctorado en la Universidad de Viena, y otras demostraciones relacionadas con el axioma de elección.

De hecho, expresó su demostración en términos de las propiedades esenciales que describen unívocamente la esencia de Dios. Se le llama argumento ontológico de San Anselmo, pero parece que el padre del argumento fue Avicena. Quien le dio el nombre de argumento ontológico fue Emmanuel Kant. , antes de eso se denominaba Anselmi argumenti

La idea de Dios tiene algo que la distingue de toda otra idea, y es que el ser   o existencia actual   aparece   como   formando   parte   del contenido inteligible mismo de esa idea, hasta el punto de que no puede ella pensarse separada de él.

Es decir, la idea de Dios es la idea del Ser Necesario, que no puede no existir, y por ello implica una relación necesaria entre la naturaleza divina, en la medida en que podemos conocerla en esta vida, y la existencia actual, que hace que ésta quede incluida en aquella.

Esa relación necesaria entre la Esencia divina y la existencia actual, que no admite excepciones en ninguna hipótesis absolutamente hablando, sólo puede fundarse en la identidad real entre ambas.

En efecto, una composición real entre la Esencia y la existencia divinas sólo podría ser al modo de la potencia y el acto, pero entonces, dada la distinción real entre ambos, habría al menos una hipótesis en que esa potencia no estaría actualizada.

Esto es lo que ha dado pie al argumento ontológico, que pretende demostrar la existencia de Dios a partir de la sola idea que tenemos de Dios en esta vida.

En esencia, este argumento viene a decir que dado que la existencia actual forma parte de nuestra idea de Dios hasta el punto de que no podemos pensarlo sin ella, pues sería contradictorio que el Ente que no puede no existir, no existiese, entonces, Dios existe.

Las formulaciones de San Anselmo

¿Cómo se aplican estas reflexiones al argumento ontológico tal como lo presenta su creador, San Anselmo de Canterbury?

San Anselmo presenta dos argumentos en el "Proslogion", uno en el cap. II, y otro en el cap. III.

El primero es el más conocido y dice así, en nuestras palabras:

"La idea de Dios es la idea de un Ser mayor que el cual no se puede pensar otro. Pero si Dios no existiese en la realidad extra mental, o sea, si Dios existiese sólo en nuestra mente, se podría pensar algo más grande que Dios. Pues en efecto, existir en la mente y en la realidad extra mental es más que existir sólo en la mente, y entonces el pensamiento de cualquier ente que existiese en la mente y también fuera de la mente sería el pensamiento de un ente más grande que Dios. Pero es absurdo que se pueda pensar un ser mayor que el ser mayor que el cual no se puede pensar otro, y lo absurdo es imposible. Por tanto, Dios no existe sólo en nuestra mente, sino también en la realidad extra mental."

El argumento se engloba dentro de lo que arriba hemos expuesto como esencia general del argumento ontológico, porque se apoya en el hecho de que eliminada la existencia actual extra mental ya no estaríamos hablando del ser mayor que el cual no se puede pensar otro, o sea, de Dios, Ser Perfectísimo, (¿Qué es ser perfectísimo?) que tiene la existencia actual y necesaria como una de sus perfecciones, la principal de todas, pues sin ella nada serían las otras, el ser perfectísimo tendría todas las propiedades P positivas en sumo grado.

¿Pero conocemos todas las propiedades de Dios o podremos conocerlas, puede el lenguaje humano expresarlas, puede la inteligencia humana entenderlas?

La crítica fundamental a este argumento es que no necesariamente se podría pensar algo mayor que Dios si Dios existiese sólo en la mente, pues allí, en la mente, Dios podría ser pensado como existiendo también en la realidad extra mental.

En esa hipótesis, ya no se seguiría contradicción alguna para el que dijese que Dios existe sólo en nuestra mente.

En el capítulo III del *Proslogion*, San Anselmo presenta otra formulación de su argumento, que dice así:

"Lo que acabamos de decir es tan cierto, que no se puede imaginar que Dios no exista. Porque se puede concebir un ser tal que no pueda ser pensado como no existente en la realidad, y que, por consiguiente, es mayor que aquel cuya idea no implica necesariamente la existencia. Por lo cual, si el ser por encima del cual nada mayor se puede imaginar puede ser considerado como no existente, por tanto este ser que no tenía igual, ya no es aquel por encima del cual no se puede concebir cosa mayor, conclusión necesariamente contradictoria, Existe, por tanto, verdaderamente un ser por encima del cual no podemos levantar otro, y de tal manera que no se le puede siquiera pensar como no existente; este ser eres tú, ¡oh Dios, Señor nuestro!

O sea que ambos argumentos de San Anselmo van encaminados a demostrar que el ser mayor que el cual no se puede pensar otro debe existir en la realidad, fuera de nuestra mente, y no solamente en nuestra mente, porque en caso contrario se podría pensar algo más grande que él, y eso es contradictorio.

Y se podría pensar algo más grande que él, por dos razones:

1) Porque lo que existe en la mente y también en la realidad es mayor que lo que sólo existe en la mente (primer argumento, capítulo II del *Proslogion*) y

2) porque lo que es necesario es mayor que lo que es contingente, y si el ser mayor que el cual no se puede pensar otro existiese sólo en la mente, sería contingente, porque sería verdad que puede no existir en la realidad, y se podría pensar en un ser necesario (segundo argumento, capítulo III).

En el caso del segundo argumento, se agrega además la conclusión de que no es posible pensar que Dios no exista, o sea, que Dios existe necesariamente.

La crítica a este nuevo argumento es análoga a la del anterior: en la hipótesis de que el ser mayor que el cual no se puede pensar otro existiese sólo en nuestra mente, no necesariamente podríamos pensar en un ser mayor, pues podría ser pensado por nosotros, más bien, debe serlo, como existente, y existente necesariamente, también en la realidad, y entonces, el que así lo pensase no tendría razón para considerarlo contingente en vez de necesario.

Se puede replicar que un ente que existe sólo en nuestra mente pero pensado como existiendo también en la realidad, fuera de nuestra mente, es menor que un ser que además existe también en la realidad fuera de nuestra mente.

Y la respuesta es que en todo caso ese ente será, sì, menor que el que además existe en la realidad, pero no será pensado como menor que él o que ningùn otro, que es lo que requiere el argumento de San Anselmo.

Ahí mismo se está reconociendo que una cosa es la existencia extra mental pensada ("in actu signato", que dirían los escolásticos) y otra la existencia extra mental actualmente ejercida y afirmable en un juicio verdadero ("in actu exercito").

Y si se quiere evitar ese salto ilegítimo del orden lógico (la existencia pensada, "in actu signato") al ontológico (la existencia actualmente ejercida, "in actu exercito")", con una formulación como ésta, por ejemplo:

"Dios es aquel ser mayor que el cual no cabe pensar otro. Pero si Dios existiera sólo en nuestra mente, se podría pensar algo mayor que Él, que existiría también en la realidad, fuera de nuestra mente. Pero es absurdo que se pueda pensar algo mayor que aquel ser mayor que el cual no se puede pensar otro. Por tanto, Dios existe en la realidad, fuera de nuestra mente". Aquí, en la primera premisa, "Dios" debería significar Dios mismo, su ser real, no solamente su idea. Y entonces se entraría en un círculo vicioso, que pone como premisa precisamente lo que quiere demostrar: la existencia real y extra mental de Dios.

Frente a esta crítica clásica del salto ilegítimo del orden lógico (la existencia pensada, "in actu signato") al ontológico (la existencia actualmente ejercida, "in actu exercito")", los defensores del argumento ontológico, "(...) el núcleo de la objeción expuesta (...) tiene un único supuesto tácito: la consideración injustificada de que el punto de partida de la prueba es un mero concepto o una idea arbitraria de Dios (...) tanto Anselmo como Buenaventura y Descartes insisten reiteradamente en que el punto de partida de su argumento no es en absoluto un mero concepto de Dios, sino, antes bien, un puro conocimiento de la esencia divina. Y, si ello es así, no se da en este caso tránsito alguno de lo pensado a lo real, de lo lógico a lo ontológico, sino que nos movemos desde siempre en el terreno de lo ontológico, de lo real; se trata, entonces, concretamente, del paso de la esencia a la existencia."

A esto respondemos que en esta vida, como dice Santo Tomás, no sabemos qué cosa es Dios, es decir, no tenemos un conocimiento adecuado de la Esencia divina, que sería la visión beatífica, pues conocemos solamente algunas de las perfecciones que están en Dios, pero no el modo divino de esas perfecciones, pues nuestro conocimiento de Dios lo tenemos mediante conceptos que hemos abstraído de las creaturas, y que por tanto, sólo analógicamente nos pueden decir algo acerca de lo que Dios es.

si admitimos el realismo de los universales, tenemos que admitir que nuestra idea de Dios no es un mero concepto, sino una captación de la Esencia divina, si se admite un realismo de las esencias, o sea, si se defiende que lo universal existe en sí mismo, - bien con independencia del ser individual, bien en dependencia, necesaria o sólo posible, con él – cabría admitir que la verdad descubierta por el obispo de Canterbury no es una mera tautología, ya que las esencias existen extra mentalmente, esto es, en la realidad, con independencia del pensar, quedaría aún por discutir si es realmente viable un auténtico conocimiento de la esencia de Dios, al menos, agregamos nosotros (a la luz de la fe católica, que nos revela que nuestro fin es la visión beatífica) si tal conocimiento de la Esencia divina es viable en esta vida., el conocimiento que tenemos de Dios en esta vida es sumamente imperfecto, y apoyándose en la tesis tomista según la cual la proposición "Dios existe" es evidente en sí misma, pero no para nosotros. "Dios existe" es evidente en sí absolutamente, pero no para nosotros, es poseer un conocimiento, colateral, imperfecto y limitado, de la esencia de Dios, que consiste en existir."

Porque lo que dice Santo Tomás no es que no conozcamos nada de la Esencia divina, sino que no la conocemos precisamente en tanto que divina, que si conocemos lo que distingue a Dios de todo otro ente posible, no lo conocemos según el modo propio y específico que eso tiene en Dios mismo. Se trata siempre de la distinción entre la perfección divina y el modo propiamente divino de esa perfección, que nunca puede ser anulada en esta vida.

Ahora bien, el nexo necesario entre la Esencia divina y la existencia, como actualmente ejercido (in actu exercito) y no solamente como pensado por una mente finita (in actusignato), pertenece al modo propiamente divino de esa Esencia de Dios y por tanto no es asequible a nosotros en esta vida, pues nuestros conceptos se abstraen de las cosas finitas e imperfectas, más aún, materiales y sensibles, de este mundo.

En el aristotelismo, la idea de "infinito" es negativa, porque consiste precisamente en la negación de los límites. Por tanto, su origen remoto es la experiencia de lo finito, a la que agregamos la negación de los límites que en ello encontramos. O sea, no se trata de una idea innata, sino de una composición mental de conceptos abstractos.

Para los autores de orientación platónica como San Buenaventura o Descartes, por el contrario, nuestra idea de "infinito" no es negativa sino positiva y su objeto es la plenitud del ser. No sólo no la hemos obtenido de la experiencia, sino que además es el presupuesto de nuestra idea de lo finito, que sólo puede surgir sobre el trasfondo de la idea de lo infinito.

Pero el mismo vocablo "infinito" le da la razón a Aristóteles, pues su sentido no puede ser otro que la negación de los límites. En cuanto a la idea de lo finito, es claro que su origen es la experiencia, pues si abstraemos las esencias de las cosas sensibles, es obvio que todas ellas son finitas.

Se puede objetar que de todos modos, reconocer en esas esencias finitas el límite como límite supone la idea de lo ilimitado.

En cierto modo es así, pero no se trata de la Infinitud positiva de Dios, que excluye todo límite, sino de la infinitud negativa de nuestro concepto de "ente", que no incluye necesariamente límite alguno, y que así basta para que por comparación con ella resalten los límites que sí incluyen necesariamente las esencias finitas.

Así, vemos que tanto el perro como el tigre como la paloma son "ente", y que por eso mismo ninguno de ellos agota el ente, o sea, son limitados, finitos.

Pero el ente en general no es Dios, de lo contrario, estaríamos en el panteísmo, pues como todo es ente, todo sería Dios.

Capítulo 2

La versión de Descartes.

En lo que sigue queremos analizar algunas variantes del argumento ontológico, ante todo, la que presenta Descartes. Ésta es una de sus formulaciones:

"Al poner más atención, resulta manifiesto que más de lo que podría separarse de la esencia del triángulo el que el total de sus tres ángulos equivalga a dos rectos, o de la idea de "monte" la de "valle"; de manera que es tan contradictorio pensar que Dios (esto es, el ente sumamente perfecto) carece de existencia (esto es, que carece de una perfección), como pensar que un monte carece de valle." (*Meditaciones Metafísicas*, Meditación Quinta)

Resumiendo:

"La existencia es una perfección. Pero al Ser Perfectísimo no puede faltarle ninguna perfección. Por tanto, al Ser Perfectísimo no puede faltarle la existencia. Por tanto, el Ser Perfectísimo existe."

Sin duda, al Ser Perfectísimo no puede faltarle ninguna perfección, en nuestra mente, sin más, y en la realidad de las cosas, si existe, que es justamente la cuestión.

Esta formulación tal como suena, cae en el círculo vicioso, y si se la quiere entender, en las premisas, no del Ser Perfectísimo, sino de la idea del Ser Perfectísimo, y de la idea de la existencia, cae en el pasaje del orden lógico (existencia "in actu signato", que es la que no puede faltarle a nuestra idea del Ser Perfectísimo) al orden ontológico (existencia "in actu exercito", que es lo que queremos demostrar acerca de Dios), y si se la quiere referir a la Esencia divina, objetiva y extra mental, para pasar de ella a la existencia actual de Dios, es lo mismo que antes se ha dicho: el resultado lógico es el ontologismo.

Capítulo 3

Crítica de Kant al argumento ontológico.

Por otra parte, la crítica de Kant al argumento ontológico parece correcta solamente en su conclusión: tal argumento no es demostrativo. Pero no nos parece correcta en su fundamentación.

La esencia de la crítica kantiana al argumento ontológico es que es errado decir que la idea de Dios encierra en sí misma la idea de la existencia necesaria, porque "existencia", "ser", no es un predicado, es decir, no es una nota conceptual que pueda formar parte de una idea.

Dice Kant en la sección de la *Crítica de la Razón Pura* dedicada al argumento ontológico:

"Evidentemente, «ser» no es un predicado real, es decir, el concepto de algo que pueda añadirse al concepto de una cosa. Es simplemente la posición de una cosa o de ciertas determinaciones en sí. (…) Si tomo el sujeto («Dios») con todos sus predicados (entre los que se halla también la «omnipotencia») y digo «Dios es», o «Hay un Dios», no añado nada nuevo al concepto de Dios, sino que pongo el sujeto en sí mismo con todos sus predicados, y lo hago relacionando el objeto con mi concepto. Ambos deben poseer exactamente el mismo contenido. Nada puede añadirse, pues, al concepto, que sólo expresa la posibilidad, por el hecho de concebir su objeto (mediante la expresión «él es») como absolutamente dado.

De este modo, lo real no contiene más que lo posible. Cien táleros reales no poseen en absoluto mayor contenido que cien táleros posibles. En efecto, si los primeros contuvieran más que los últimos y tenemos, además, en cuenta que los últimos significan el concepto, mientras que los primeros indican el objeto y su posición, entonces mi concepto no expresaría el objeto entero ni sería, consiguientemente, el concepto adecuado del mismo. Desde el punto de vista de mi situación financiera, en cambio, cien táleros reales son más que cien táleros en el mero concepto de los mismos (en el de su posibilidad), ya que, en el caso de ser real, el objeto no sólo está contenido analíticamente en mi concepto, sino que se añade sintéticamente a tal concepto (que es una mera determinación de mi estado), sin que los mencionados cien táleros queden aumentados en absoluto en virtud de esa existencia fuera de mi concepto."

Pero toda la base del argumento ontológico es que en el caso de Dios, Ser Necesario, el ser y la existencia necesaria sí forman parte del concepto de la cosa, de modo que al revés, ya no sería la misma esencia, no sería Dios, si se lo pensara solamente como posible y no también como actualmente existente.

Para ver más claro en esto, hay que ver porqué y en qué sentido el ser no podría ser un predicado, y en qué sentidos sí lo es, en las cosas finitas, y en Dios.

Si por "predicado" entendemos aquello que se deduce necesariamente del concepto de algo, entonces es claro que el ser no es en ese sentido un predicado para ningún ente finito y contingente. Pero sí lo es para Dios, tal como lo conocemos en esta vida, si hablamos del ser "in actu signato", no del ser "in actu exercito". Y ésa es justamente nuestra crítica al argumento ontológico.

Si por "predicado" entendemos aquello que, contingente o necesario, "agrega algo" al concepto de un ente, que es el sentido en que Kant parece tomarlo en su pasaje, entonces el ser sí es un predicado para los entes finitos, porque el mismo Kant reconoce la diferencia abismal que tienen entre sí, respecto de nuestra situación financiera, los 100 monedas meramente posibles y los 100 monedas reales, actualmente existentes.

Respecto de Dios, tenemos que distinguir entre el ser "in acto signato" y el ser "in actu exercito". En el primer sentido, el ser no agrega nada a nuestro concepto de Dios, porque forma parte del mismo. Pero en el segundo sentido, sí agrega algo, y fundamental, a nuestro concepto de Dios, puesto que sólo con tal agregado podemos decir que Dios existe realmente. Y ésa es nuestra crítica al argumento ontológico.

Finalmente, si por "predicado" entendemos aquello que "quita algo" al concepto de una cosa en caso de negarse de ella, hay que distinguir todavía, si un predicado es lo que quita algo esencial, necesario, al negarse de una cosa, o es lo que quita algo, sea esencial, sea accidental, sea necesario, sea contingente. En el primer sentido, y respecto de los entes finitos, el ser no es un predicado, pues el ser no es esencial ni necesario para ningún ente finito. La esencia (finita) meramente posible y la esencia (finita) actualmente existente obviamente que tienen que ser la misma esencia en lo que tiene que ver con sus notas constitutivas.

Pero respecto de nuestro concepto de Dios, el ser como "actu signato" sí es un predicado, en este sentido, porque en caso de negarse de Dios quita todo a la Esencia divina, pues la constituye.

Mientras que el ser como "actu exercito" no es, respecto de nuestro concepto de Dios, un predicado, en este sentido, pues no quita nada, en caso de negarse, al concepto de Dios tal como nosotros lo concebimos, pues éste incluye necesariamente en sí mismo solamente al ser o existencia "in actu signato". Y ésa es, justamente, nuestra crítica al argumento ontológico.

En el segundo sentido, y respecto de los entes finitos, el ser sí es un predicado, por lo que dijimos arriba, la inmensa diferencia entre las 100 monedas meramente posibles y los 100 monedas actualmente existentes.

Y respecto de Dios, en ese segundo sentido también el ser "actu exercito" es un predicado, pues también es infinita, en un sentido, la diferencia entre Dios pensado solamente como existente, "actu signato", y Dios legítimamente afirmado como actualmente existente, "actu exercito". Y de nuevo, ésa es nuestra crítica al argumento ontológico.

"Lo que no agrega nada al concepto de algo, no es un predicado de ese algo. Pero el ser no agrega nada al concepto de las cosas en general, ni por tanto al de Dios en particular. Por tanto, el ser no es un predicado ni de las cosas en general, ni de Dios en particular. Y por eso no vale el argumento ontológico".

Lo que no agrega nada al concepto de algo, porque ni constituye su esencia, ni lo cambia en nada al afirmarse o negarse de ello, no es un predicado de ese algo: Concedo.

Lo que no agrega nada al concepto de algo, porque constituye su esencia, de modo tal que no lo cambia al afirmarse de ello, pero sí lo cambia al negarse de ello: Niego.

Lo que no agrega nada al concepto de la cosa, porque no constituye su esencia, pero sí la cambia, en forma lógicamente accidental, según se dé o no en ella: Niego. En efecto, en algún sentido sí es un predicado de algo aquello que lo cambia o lo hace diferente de algún modo al menos, según que esté o no en ese algo.

El ser no agrega nada al concepto de las cosas finitas, porque no constituye su esencia, es decir, porque si se lo niega de esas esencias no les quita nada de lo que las constituye esencialmente: Concedo.

No agrega nada al concepto de las cosas finitas, porque no las cambia en nada al afirmarse o negarse de ellas: Niego. Cambian inmensamente las 100 monedas si son solamente posibles o si son también actualmente existentes.

Y además: el ser no agrega nada al concepto de Dios, porque no constituye su Esencia, ni se agrega a ella de ningún modo:Subdistingo: hablando de la Esencia divina en sí misma considerada: Niego, tanto respecto del ser "actu signato" como respecto del ser "acto exercito", que la constituyen. Hablando de la Esencia divina tal como la podemos conocer, analógicamente, en esta vida:

Subdistingo: el ser "actu signato": Concedo: no agrega nada al nuestro concepto de Dios, pero porque lo constituye.

El ser "actu exercito": Niego, porque le agrega nada menos que la existencia actual y real en tanto que afirmada fundadamente por nosotros en un juicio.

Por eso, distingo también la primera Conclusión:

El ser, "actu signato" o "actu exercito", no es un predicado esencial de las cosas finitas: Concedo. El ser no forma parte de la esencia de los entes contingentes, porque de lo contrario no serían contingentes.

No es un predicado lógicamente accidental de las cosas finitas: En ambos casos, niego. Es decir, el ser es un predicado lógicamente accidental de la esencia finita, en el sentido de que le agrega algo, tanto si solamente se piensa acerca de ella, como si se afirma su existencia actual.

El ser, "actu signato", no es un predicado esencial de Dios tal como lo podemos concebir en esta vida: Niego. Esta negación es la parte de verdad del argumento ontológico, que Kant no ha sabido ver.

El ser, "actu exercito", no es un predicado esencial de Dios tal como lo podemos concebir en esta vida: Concedo.

Y por esto último concedo la segunda conclusión, es decir, que no concluye el argumento ontológico.

Capítulo 4

La versión de Leibniz.

El argumento ontológico de Leibniz es el que está en la base de todas las formulaciones del argumento ontológico que han ido apareciendo últimamente.

Dice, en nuestras palabras, lo siguiente: si el Ser Perfectísimo es posible, existe, porque en la posibilidad real de un ente deben estar incluidas todas sus características definitorias, y una de las características definitorias del Ser Perfectísimo es la existencia actual, que es una de las perfecciones, y la más fundamental, puesto que condiciona a todas las otras.

Ahora bien, el Ser Perfectísimo es posible, porque es la suma de todas las perfecciones simples y positivas, llevadas al infinito y carentes por tanto de todo no ser, y por tanto, en él no puede haber ninguna oposición contradictoria.

Luego, el Ser Perfectísimo existe.

Otra alterna formulación de Leibniz dice más bien algo así: si el Ser Necesario es posible y no existe, entonces es contingente, pues puede no existir, y no es Necesario, lo que es absurdo. Por tanto, si el Ser Necesario es posible, existe. Pero el Ser Necesario es posible. Por tanto, existe.

A esta conclusión la llama Leibniz "la cumbre de la doctrina modal".

Se debe conceder a Leibniz este condicional: "Si el Ser Necesario o Perfectísimo es posible, entonces existe necesariamente".

Entendiendo por "es posible" que es posible objetivamente, en la realidad de las cosas.

Porque siendo así posible, no podría ser contingente, ya que entonces la existencia no sería parte de su Esencia al no serle necesaria, y entonces, ya no sería ni el Ser Necesario ni el Ser Perfectísimo, al poder faltarle una perfección tan fundamental como es la existencia misma. Y entonces, si Dios es posible y no es contingente, sólo queda que sea Necesario, es decir, que sea una posibilidad que no puede estar carente de su realización efectiva. Y entonces, si Dios es posible, existe, y existe necesariamente.

Pero la objeción tomista de principio a este argumento es que nos falta la Menor: "Dios es posible", porque para conocer la posibilidad real de Dios habría que conocer en esta vida la Esencia divina, pues decir que las cosas son posibles y que su esencia no es contradictoria es lo mismo. Y en esta vida, como se ha dicho, no tenemos un conocimiento adecuado de la Esencia divina.

Y por la misma razón, como vimos arriba, hay que objetar, también, que el hecho de que nuestra idea de Dios incluya la idea de la existencia actual (existencia actual "in acto signato") no nos permite ya concluir que Dios existe actualmente (existencia actual "in actu exercito"), como ya se dijo.

"Donde no puede haber contradicción, no puede haber imposibilidad. Pero en la idea de Dios, entendida como conjunto de las perfecciones simples y positivas en grado infinito, no puede haber contradicción, porque al carecer de todo límite, esas perfecciones carecen de toda negatividad que pueda oponerse contradictoriamente a alguna positividad. Por tanto, en la idea de Dios no puede haber imposibilidad alguna, es decir, Dios es posible."

Por lo dicho arriba, este argumento prueba, en todo caso, que nuestro concepto de Dios no es contradictorio, pero en este caso no basta con la sola no contradicción del concepto para asegurar la posibilidad objetiva, extra mental, de la esencia, por lo ya dicho, que en esta vida no tenemos un conocimiento de la Esencia divina en su modo propiamente divino, y el mismo Leibniz concede que

"Lo mismo [es] que a partir de la posibilidad de algo se siga su existencia y que de la esencia de algo se siga su existencia, porque lo mismo es la esencia de la cosa y la razón especial de la posibilidad."

Las demostraciones de la existencia de Dios han constituido un reto para la filosofía por una inquietud de mostrar que nuestra existencia no es producto del azar sino que somos resultado de un ser superior que es imposible de concebir con nuestro entendimiento. De hecho, el aporte de San Anselmo al identificar a Dios como el ser supremo imposible de concebir ha sido la base de muchas demostraciones, y probablemente, cada vez estamos siendo más conscientes de la importancia de poder afirmar que Dios necesariamente existe en todos los mundos posibles del universo.

Capítulo 5

Prueba ontológica de   Kurt Gödel

La prueba ontológica propuesta por lógico matemático lógico   Kurt Gödel (1906-1978), probablemente desarrollada hacia 1941, fue publicada por su discípulo Dana Scott después de la muerte del matemático y filósofo. La prueba no pretendía demostrar que Dios existe, sino que la formulación del argumento *per se* fuera estructuralmente correcta para así excluir las objeciones que afirman que el argumento depende del contenido de sus conceptos.

La prueba ontológica de Gödel, una supuesta prueba de la existencia de Dios, usando   la lógica de predicado modal S5 de orden superior. La prueba procede al definir un concepto de propiedades P, donde se pretende que P se interprete como Positivo o Perfección. (Pensada como lo mayor incomprensible en el sentido de Anselmo, o lo inaccesible por conocer según la semántica de Saul Kripke)

Recuerden el cuadrado significa "es necesario", el rombo, "es posible", $\forall x$ significa para todo ente x, $\Rightarrow$ significa si....entonces...., el conectivo $\wedge$ significa "y", P (ϕ) indica que si ϕ es una propiedad positiva

Así que primero veamos este concepto de propiedades P.

P Está limitado por 5 axiomas:

6. $\{P(\phi) \wedge \square \forall x[\phi(x) \Rightarrow \psi(x)]\} \Rightarrow P(\psi)$

Este axioma indica que si ϕ es una propiedad positiva y es necesario el caso de poseer la propiedad ϕ implica tener la propiedad ψ, entonces ψ es una propiedad positiva.

Puede entenderse como la afirmación de que solo cosas positivas se derivan de cosas positivas. Las buenas propiedades no pueden implicar malas propiedades.

7. $P(\neg\phi) \Leftrightarrow \neg P(\phi)$

Este axioma establece que cualquier propiedad ϕ es positiva o su negación es positiva. En otras palabras, el concepto de propiedades positivas divide el conjunto de todas las propiedades. No hay cosas tales como propiedades neutrales.

8. $P(G)$

Este axioma establece que la propiedad G es una propiedad positiva. G significa ser semejante a Dios.

9. $P(\phi) \Rightarrow \Box P(\phi)$

Este axioma establece que la propiedad positiva es necesariamente positiva. Se podría decir que este axioma encarna la afirmación del bien objetivo. Lo positivo y lo no positivo son lo mismo en todos los mundos posibles.

10. $P(E)$

Este axioma establece que la propiedad E (existencia) es una propiedad positiva. Veremos esa definición más adelante, pero su significado es esencial o indispensable. Básicamente, esto afirma que la existencia es mejor que la no existencia.

Ahora, las nociones de posible y necesario en la lógica modal se definen en términos de posible semántica de mundos posibles. Decir que algo es posible es decir existe un mundo accesible desde este mundo donde es verdadero. Decir que es necesario es decir que sea verdad en todos los mundos alcanzables desde nuestros mundos.

$$P(\phi) \Rightarrow \Diamond \exists x \phi(x)$$

Esto es relevante para entender el primer teorema "La posibilidad de Dios":

$$P(\phi) \Rightarrow \Diamond \exists x \phi(x)$$

Este teorema se puede leer como: si ϕ es una propiedad positiva, entonces es posible que exista algo que tenga esa propiedad.

¿Por qué el teorema es cierto?

Bien, si ϕ fuera una propiedad positiva, pero necesariamente nada ningún objeto o ser x tiene esa propiedad, en los símbolos

$P(\phi) \wedge \Box \exists x \phi(x)$, entonces en términos de mundos posibles, eso significaría que no hay un mundo alcanzable desde nuestro mundo que tenga un objeto que satisface la propiedad ϕ. Así que en todos esos mundos $\phi(x) \Rightarrow \psi(x)$ es verdadero, porque $\phi(x)$ es falso, y falso $\Rightarrow \psi(x)$ cierto.

Ahora ψ es una propiedad arbitraria, y por el axioma 1, entonces seguiría que por tal arbitrariedad ψ debe ser una propiedad positiva. En particular podríamos elegir $\psi \Leftrightarrow \neg\phi$. Sin embargo, esto contradice directamente el axioma 2, que establece que si ϕ es positivo, entonces $\neg\phi$ no lo es. Por lo tanto, bajo el supuesto de que ϕ es una propiedad positiva, se sigue que $\square$ $\exists x \phi(x)$, que es equivalente al teorema.

Ahora pasamos a la definición del predicado G, divino.

$$G(x) \Leftrightarrow \forall\phi [P(\phi) \Rightarrow \phi(x)]$$

Esta definición se puede leer como: una entidad es divina si y solo si tiene todas las buenas propiedades.

Si aplicamos el teorema anterior al predicado G, obtenemos la proposición

$P(G) \Rightarrow \Diamond \exists x G(x)$, y también tenemos P (G), por el axioma 3.

Así que ahora tenemos el siguiente teorema "No hay ateísmo duro"

$\Diamond \exists x \phi(x)$, Esto se puede leer como: La existencia de una entidad divina es posible.

Ahora la trama se complica con la definición de la esencia de algo, ente, objeto Esta no es una definición fácil,

Esta definición se puede leer de la siguiente manera: Decir que una propiedad ϕ es la esencia de una cosa x, es decir:

1. x tiene propiedad ϕ

2. para todas las demás propiedades ψ que x pueda tener, deben estar necesariamente implicadas por ϕ, lo que significa que cualquier objeto que tenga propiedad ϕ también debe tener propiedad ψ, en todos los mundos posibles.

Así que una esencia de una cosa es una propiedad que implica todas las demás propiedades.

Esta definición se usa en el siguiente teorema"

$G(x) \Rightarrow G$ ess x.

Este teorema se puede leer como sigue: si una entidad es semejante a Dios, entonces ser semejante a Dios es una esencia de ese objeto.

Ahora, ¿por qué es esto cierto?

Bueno, recuerde que ser como un Dios se define como tener todas las propiedades positivas que existen y ninguna de las otras. Y el axioma 4 nos dice que cualquier propiedad positiva es necesariamente positiva, lo que significa que si una propiedad es positiva en un mundo, entonces debe ser positiva en cualquier mundo posible.

Entonces, tener una propiedad positiva en este mundo es tenerla en todos los mundos posibles. Y debido a que cualquier propiedad implicada por una propiedad positiva es positiva, esto significa que en todos los mundos posibles todas estas consecuencias también se sostienen. Pero esa es la definición misma de esencia dada anteriormente.

Ahora para la última definición.

Definición de esencialidad:

$$E(x) \Leftrightarrow \forall \phi \, [\phi \text{ ess } x \Rightarrow \Box \, \exists y \, \phi(y)].$$

Esta definición se puede leer de la siguiente manera: decir que una entidad x es esencial en este mundo es decir que para todas las esencias de x, existe en todos los mundos posibles alguna entidad que tiene esa propiedad.

En otras palabras, algo es esencial si debe existir en todos los mundos posibles con sus esencias.

Esta definición y el axioma 5 se utilizan para probar el teorema principal "Dios necesariamente existe".

$$\Box \, \exists x G(x)$$

Cualquier entidad divina tiene todas las propiedades positivas, incluida la propiedad de esencialidad, que el axioma 5 define como una propiedad positiva. Entonces, por la definición misma de esencialidad, cualquier mundo posible debe tener una entidad con las esencias de esta entidad divina, que según el teorema del cabello no tiene la propiedad G, es decir, ser semejante a Dios.

Entonces, si hay algo divino en un mundo, entonces necesariamente existe en todos los mundos posibles.

En los símbolos $\exists x G(x) \Rightarrow \Box \, \exists x G(x)$.

También sabemos por "teorema del ateísmo difícil" que es posible que exista una entidad divina. Así que hay un mundo posible en el que existe esta entidad divina. Y en ese mundo existe necesariamente. Lo que significa que en nuestro mundo es posible que esta entidad divina necesariamente exista, en símbolos: $\Diamond \Box \exists x G\,(x)$

Ahora usamos uno de los axiomas distintivos de S5: $\Diamond \Box A \Rightarrow \Box A$, que nos da la conclusión

$\Box \ \exists x G\,(x)$.

Axioma 1. Una propiedad es positiva si contiene necesariamente una propiedad positiva. (Cierre o clausura)

Axioma 2. Una propiedad es positiva si, y sólo si, su negación es negativa. (Dicotomía)

Teorema 1. Una propiedad positiva es lógicamente consistente. (Ejemplificación, existencia de un caso particular)

Axioma 3. Ser "semejante a Dios" es una propiedad positiva.

Axioma 4. La existencia necesaria es una propiedad positiva.

Teorema 2. Si x es "semejante a Dios", entonces ser "semejante a Dios" es la esencia de x.

Definición. NE(x), X existe necesariamente si tiene una propiedad esencial (NE).

Axioma 5. Ser NE es ser "semejante a Dios".

Teorema 3. Existe necesariamente alguna x tal que x es "semejante a Dios"

Ax. 1.	$\{P(\varphi) \wedge \Box\, \forall x[\varphi(x) \to \psi(x)]\} \to P(\psi)$
Ax. 2.	$P(\neg\varphi) \leftrightarrow \neg P(\varphi)$
Th. 1.	$P(\varphi) \to \Diamond\, \exists x[\varphi(x)]$
Df. 1.	$G(x) \iff \forall\varphi[P(\varphi) \to \varphi(x)]$
Ax. 3.	$P(G)$
Th. 2.	$\Diamond\, \exists x\, G(x)$
Df. 2.	$\varphi \text{ ess } x \iff \varphi(x) \wedge \forall\psi\{\psi(x) \to \Box\, \forall y[\varphi(y) \to \psi(y)]\}$
Ax. 4.	$P(\varphi) \to \Box\, P(\varphi)$
Th. 3.	$G(x) \to G \text{ ess } x$
Df. 3.	$E(x) \iff \forall\varphi[\varphi \text{ ess } x \to \Box\, \exists y\, \varphi(y)]$
Ax. 5.	$P(E)$
Th. 4.	$\Box\, \exists x\, G(x)$

De los axiomas 1 a 4, Gödel afirma que en algún mundo posible existe Dios, yo creo es el Teorema 2.

A continuación (Df. 2) Gödel define *esencia*: si x es un objeto en algún mundo, entonces la propiedad P es una esencia de x si P(x) es verdadero en ese mundo y si P incluye todas las otras propiedades que x tiene en ese mundo. La divinidad es la esencia de Dios, ya que incluye todas las propiedades positivas y ninguna de las no positivas. Se deduce finalmente que necesariamente debe haber un objeto divino en todos los mundos, por la definición de existencia necesaria (Teorema 4). Aunque Gödel no lo hizo, es incluso posible demostrar que Dios es uno en cada mundo, pero para ello es necesario que la positividad de una propiedad sea independiente del objeto al que se aplica (lo cual podría no ser cierto).

Una crítica a Gödel se basa en que muchas propiedades positivas pueden ser contradictorias entre sí (por ejemplo, la misericordia y la justicia), ¿pero quién sabe quién es Dios?

Y además, incluye un axioma que recoge la principal presunción del Argumento de Anselmo: existir es una propiedad positiva. Kant demostró que esto es falso porque existir no es una cualidad: resulta lógicamente pueril ver a Dios convertido en una x.

La validez de la prueba radica en su estructura, no en sus conceptos.

Recientemente, la prueba fue corroborada con ayuda de un programa de lógica computacional llamado Isabelle/HOL[1], cuyo principal uso es identificar relaciones lógicas y detectar posibles errores del modelo planteado. La implementación informática estuvo a cargo de Benzmüller, de la Universidad Libre de Berlín; y Paleo, de la Universidad Técnica de Viena, y fue publicada en el repositorio de pre publicaciones científicas *arXiv* administrado por la Universidad de Cornell[2].

La formulación ha sido analizada y discutida por muchos autores, el punto crucial es si por el hecho de ser validada por un computador la hace decisiva como demostración *per se*, entendiendo esto como su justificación.

---

[1] Isabelle/Holes, un lenguaje de programación funcional para el razonamiento automático, el cual permite corroborar demostraciones lógicas por deducción natural. Disponible en http://www.cl.cam.ac.uk/research/hvg/Isabelle

[2] BENZMÜLLER, C. & PALEO, B.W. Formalization, Mechanization and Automation of Gödel's Proof of God's Existence. *arXiv* (2013), 1308.4526

En realidad, consideramos que sólo verifica computacionalmente que la deducción propuesta por Gödel está correctamente formulada, por el hecho de que el programa sólo constató la sintaxis en cada una de las premisas planteadas. El programa computacional no es un corrector ni deductor metafísico.

Es curioso que esa deducción de Kurt Gödel haya generado tanta polémica entre los que creen en Dios y también entre los que no creen en él, al punto de tildarla como la demostración del Dios de Gödel, o el Dios de las matemáticas, entre otros calificativos. Es como si su verificación a través de un programa computacional dedicado a la lógica hubiera sido capaz de vencer el escepticismo de los que no consideran válido el argumento ontológico.

Primero lo que se entiende por propiedad, es decir, la cualidad de un objeto. Por ejemplo: la sangre tiene la propiedad de ser roja, mientras que una propiedad esencial será aquella que distingue dicho objeto unívocamente, en el sentido de que no todo lo rojo es sangre. Otro ejemplo clásico es el que afirma: "el Papa es una persona que siempre está vestida de blanco"; lo que realmente se está diciendo es que cualquier persona que se vista de blanco es el Papa. Si se desea indicar una propiedad esencial que distinga al resto de las personas del Papa, se debe pensar qué es lo que identifica *per se* al Papa de los demás, y en ese sentido, podremos decir: "El Papa es el obispo de Roma", con lo cual no habrá dudas sobre a quién nos estamos refiriendo, *ergo*, lo habremos definido gracias a una propiedad esencial.

La demostración lógica descrita por Gödel consiste en una serie lógica de axiomas, teoremas y definiciones, usando lógica modal aletica, y para comprender su importancia, tengamos presente que un axioma es una proposición que no requiere ser demostrada, mientras que los teoremas son aquellas proposiciones que se demuestran a partir de los axiomas.

Gödel identifica que la propiedad esencial de Dios es su positivismo, es decir, Dios resalta lo que es positivo, lo bueno, lo mejor, por lo que su explicación se describe en términos de las propiedades positivas. No indica cuáles deben ser esas propiedades positivas, sino que resalta lo que ya se conoce, incluso para el que es escéptico: Dios debe ser bueno.

Gödel puntualizó la necesidad de emplear una propiedad simple en el sentido de destacar lo positivo, para evitar así definir explícitamente que puede tratarse de un ser semejante a Dios. Por ello, y a modo de conclusión desde nuestra perspectiva creyente, consideramos que se puede afirmar que Dios nos ha dado nuestra libertad de pensamiento para poder aceptarlo o no, bien sea admitiendo o no nuestra imposibilidad de poder describirlo según nuestro entendimiento, pero sí destacando sus atributos, que podemos observar en el día a día de nuestras cortas vidas.

Explicamos algunos símbolos, esperemos maneje un conocimiento básico de la lógica proposicional moderna y lógica modal aprehendida en este libro:

Las letras griegas son variables de predicados, mientras que las otras letras como "x", "y", son variables de individuos.

El símbolo en $\square$ forma de cuadrado significa "es necesario" o "necesariamente", mientras que el símbolo en forma de rombo $\Diamond$ significa "es posible" o "posiblemente".

P es el predicado "…es una perfección positiva".

G es el predicado "…es divino o es Dios".

"…ess x" es el predicado "…es esencia de x". O NE, necesariamente esencial

NE es el predicado "necesariamente existe".

El argumento tiene dos partes. En la primera establece que Dios es posible (Teorema 2), es decir, que hay al menos un mundo posible en el que Dios existe; en la segunda establece que si Dios es posible, entonces existe en todos los mundos posibles, o sea, necesariamente, y por tanto, también en nuestro mundo real. (Teorema 4)

Para decir que Dios es posible, establece que toda perfección positiva es posible (Teorema 1), y que la Divinidad es una perfección positiva.

Para lo primero, la idea parece ser que una perfección positiva nunca puede dar lugar a una contradicción, que sería lo necesario para que esa perfección positiva fuese imposible. Y no puede hacerlo, porque de ella sólo pueden derivarse perfecciones positivas (Axioma 1), que por tanto, no la contradicen, ya que una perfección positiva no puede ser nunca la negación de otra perfección positiva(Axioma 2).

Argumentando por absurdo, si una perfección positiva fuese imposible, entonces sería contradictoria, y por tanto, implicaría su propia negación. Pero por el Axioma 1, entonces, su negación sería una perfección positiva, mientras que por Axioma 2 no puede serlo. Para lo segundo, establece que Dios es el conjunto de todas las perfecciones positivas (Definición 1), y que dicho conjunto es una perfección positiva (Axioma 3).

Para establecer que Dios existe en todos los mundos posibles, Gödel debe establecer dos cosas: que la existencia necesaria es una perfección positiva, y que la existencia necesaria le pertenece necesariamente a Dios.

Esto último se debe a que Gödel quiere evitar la crítica de Kant acerca de que la existencia no es una propiedad de las cosas, apelando, no a que la existencia es una propiedad de Dios, sino a que es una propiedad necesaria de Dios, con lo cual él y muchos otros. Como vimos arriba el caso creen que pueden sortear la objeción de Kant.

Para establecer lo primero, entonces, Gödel recurre simplemente a un axioma: la existencia necesaria es una perfección positiva (Axioma 5).

Para establecer lo segundo, o sea, que Dios tiene necesariamente la existencia necesaria, Gödel recurre al concepto de "esencia", pues define la existencia necesaria como la característica de aquel ente que es tal, que necesariamente existe algo que tiene su esencia (Definición 3). O sea: Gödel debe probar que si es posible que Dios exista, entonces necesariamente Dios es tal que necesariamente existe algo que tiene su Esencia.

Para probar esto, Gödel necesita mostrar que la existencia necesaria pertenece a la Esencia divina, y, dado que ya tiene un axioma que dice que la existencia necesaria es una perfección positiva, para esto necesita probar que el conjunto de todas las perfecciones positivas es la Esencia de Dios (Teorema 3).

Porque en efecto, todo lo que pertenece a la esencia de un ente, según la definición de "esencia" de Gödel (Definición 2) se sigue necesariamente de esa Esencia. Por tanto, si la existencia necesaria, como perfección positiva que es, pertenece a la Esencia divina, entonces se sigue necesariamente del hecho de que algo sea Dios, o sea, es una propiedad necesaria de Dios.

La prueba de que todas las perfecciones positivas constituyen la Esencia de Dios, depende de la definición de "Esencia" (Definición 2) como aquello de lo cual se siguen necesariamente todas las propiedades de la cosa. Es evidente que si algo es divino si y sólo si constituye el conjunto de todas las perfecciones positivas (Definición 1) entonces dicho conjunto es la Esencia de la Divinidad.

Resumiendo, sobre la base de la posibilidad objetiva de Dios, entonces, Gödel quiere demostrar la existencia necesaria de Dios. El argumento es que la posibilidad objetiva de Dios incluye la totalidad de las perfecciones positivas, y que una de ellas es la existencia necesaria, pero es claro que esto está pidiendo ulteriores aclaraciones, porque si partimos de la idea de la posibilidad objetiva de Dios, la totalidad de las perfecciones positivas está ahí incluida como posible, en principio, y hay que mostrar todavía que esas perfecciones posibles son también actuales.

Una de las formas de argumentar, partiendo del concepto de la posibilidad objetiva de Dios como totalidad de las perfecciones positivas, es que al menos la existencia necesaria, que es una de esas perfecciones positivas, no puede estar allí solamente como posible, porque entonces no sería necesaria, sino contingente, pudiendo ser y pudiendo también no ser. Y entonces, ha de estar actualmente dada.

Una forma de este mismo argumento más cercana al argumento de Gödel, que luego retomará Plantinga, parece ser demostrar primero que la existencia necesaria, junto con todas las otras perfecciones positivas que integran la esencia posible de Dios, está de hecho instanciada en al menos un mundo posible (forma complicada de decir que la Esencia divina es posible), y luego, concluir que no puede estar instanciada en un solo mundo posible, ni dejar de estarlo en algún mundo posible, porque entonces no sería necesaria, sino contingente. Debe por tanto estar instanciada en todos los mundos posibles, y por tanto, también en el real.

La crítica filosófica a este argumento de Gödel (y de Plantinga) es la que ya vimos: en esta vida no podemos tener un conocimiento adecuado de la Esencia divina, es decir, un conocimiento de la Esencia divina según su modo propiamente divino de ser, y que sin ese conocimiento no es posible conocer la posibilidad real de Dios antes de demostrar Su existencia.

En el caso de Dios, como dijimos, el hecho de que su concepto no implique contradicción (la prueba, en definitiva, que da Gödel de la necesaria posibilidad de toda perfección positiva (Teorema 1)) no quiere decir todavía que Dios sea objetivamente posible. En efecto, ningún concepto que sea el concepto de una esencia posible puede implicar contradicción, pero de ahí no se sigue que todo concepto que no implica contradicción sea el de una esencia posible.

Sin duda, todo lo que en sí mismo es no contradictorio, es posible, pero de ahí no se sigue que todo lo que en nuestro concepto no es contradictorio, no lo sea en sí mismo, pues para eso haría falta que todo concepto nuestro fuese el concepto adecuado de una esencia, y no es así, al menos, en el caso de la Esencia divina, justamente.

Obviamente, esto tampoco quiere decir que la Esencia divina sea contradictoria en sí misma, sino que no podemos afirmarlo ni negarlo a partir de nuestro solo concepto de Dios.

Y se debe agregar, en conexión con la imposibilidad de un conocimiento adecuado de la Esencia divina en esta vida, y por tanto, de la posibilidad objetiva de Dios, antes de haber demostrado su existencia a partir de las cosas creadas de hecho existentes, que por eso mismo, la existencia necesaria de que se viene hablando aquí es la existencia necesaria pensada, "in actu signato", no la existencia necesaria ejercida, "in actu exercito", que es lo que se afirma cuando se afirma que Dios existe, y que lo único que se ha demostrado, entonces, es que si Dios existe, existe en todos los mundos posibles, o sea, necesariamente. La demostración de Gödel utiliza la lógica modal S5., que distingue entre verdades necesarias, la que es verdadera en todos los mundos posibles, y la verdad contingentes que es cierta en nuestro mundo, pero puede ser falsa en otro), y empleó en la definición de Dios una cuantificación explícita sobre sus propiedades, es decir, dado que la existencia necesaria es positiva, se concluye: ser como Dios es positivo.

Además, la semejanza con Dios es una esencia de Dios, porque implica todas las propiedades positivas, y cualquier propiedad no positiva es la negación de alguna propiedad positiva, por lo tanto Dios no puede tener ninguna propiedad no positiva.

Como cualquier objeto semejante a Dios es necesariamente existente, entonces cualquier objeto semejante a Dios en un mundo, lo es en cualquier otro mundo, por la definición de existencia necesaria. Dado la existencia de un objeto semejante a Dios en un mundo, probado anteriormente, podemos concluir que existe un objeto semejante a Dios en cualquier otro mundo posible.

Evidentemente, la comprensión de estos axiomas y razonamientos de la lógica modal del sistema axiomático S5 no son de fácil comprensión para el inculto lógico pero si fáciles de aprender, lo que quería Gödel, después de morir en 1978, era dejar tras de sí una teoría basada en los principios de la lógica modal que sugería que un ser superior debe existir. Este razonamiento lógico matemático no tenía como intención convencer de la existencia de Dios,

Los detalles de las matemáticas involucradas en la prueba ontológica de Gödel no son ciertamente complicados, con un poco de esfuerzo se podrán comprender, trataremos de aclarar los más posible, pensamos que en tres lecturas el inculto será todo un doctor, en esencia, lo que el austríaco argumentaba era lo siguiente: "Dios, por definición, es lo más perfecto que puede ser pensado. Si pensáramos en Dios como inexistente, entonces no sería realmente la idea de Dios, pues tendría la imperfección de no existir

Axiomas del sistema aletico S5,

L=□ = Es necesario que...

M=◇ = Es posible que...

□p ↔ ¬◇¬p		Es necesario que *p* si y sólo si no es posible que no *p*.

◇**p** ↔ ¬□¬**p**   Es posible que *p* si y sólo si no es necesario que no *p*

Como es habitual en lógica elemental, "↔" representa el bicondicional, que expresamos con "sí y sólo si", mientras que "¬" representa la negación, que expresamos mediante "no es cierto que".

La noción de contingencia, por otro lado, también puede ser definida en términos de necesidad y posibilidad. Una manera de hacerlo es la siguiente, donde usamos "Cp" para representar "es contingente que *p*":

Cp ↔ p ∧ ◇¬p   **P** Es contingente si y solo si *p* y es posible que no *p*

es posible que p (◇p)	=	existe un mundo posible *m* en el que *p*
es necesario que p (□p)	=	en todo mundo posible *m, p*
es contingente que p (Cp)	=	*p* y existe un mundo posible *m* en el que no *p*

Lógica modal normal. Una lógica modal L es *normal* si contiene las Fórmulas

$\square (p \rightarrow q) \rightarrow (\square p \rightarrow \square q)$, y $\neg \square \neg p = \lozenge p$, y es cerrada bajo

Generalización (esto es, si una fórmula *A* pertenece a L, entonces $\square A$ también).

Principio de normalidad: si necesariamente una premisa implica una conclusión, entonces la necesidad de la premisa implica la necesidad de la conclusión, simbólicamente, es válida (es decir, Verdadera en todos los mundos) la formula (llamado el axioma K): lo cual equivale a decir que la clase de mundos que es normal no contiene mundos 'imposibles'. En las clases de mundos no normales puede haber mundos imposibles (donde, por ejemplo, hay círculos cuadrados, seres humanos que están´ vivos y muertos al mismo tiempo, etc.)

La más conocida axiomatización del Calculo Proposicional es la axiomatización PM de Principia Mathemática (PM) de Russel y Whitehead, cuyos 4 axiomas son:

A1: $(p \vee p) \rightarrow p$

A2: $q \rightarrow (p \vee q)$

A3: $(p \vee q) \rightarrow (q \vee p)$

A4: $(q \rightarrow r) \rightarrow ((p \vee q) \rightarrow (p \vee r))$

Sistema de Lógica	Axiomas
K:	$\square (p \rightarrow q) \rightarrow (\square p \rightarrow \square q)$ (normalidad)
T:	**PM + K+** $(\square p \rightarrow p)$ (Axioma de necesidad)
S4:	**T+** $(\square p \rightarrow \square \square p)$
S5:	**T +** $(\lozenge p \rightarrow \square \lozenge p)$

Axiomas de la lógica modal S5

1. $\square (p \rightarrow q) \rightarrow (\square p \rightarrow \square q)$

2. $(\square p \rightarrow p)$

3. $(\square p \rightarrow \square \square p)$

4. $(\square p \rightarrow p)$

5. $(p \rightarrow \square \lozenge p)$

1. T (o KT), si y solo si capta ´ "lo necesario es el caso"; por lo tanto, la relación entre los mundos es reflexiva
2. S4 (o KT4), si y solo si capta "lo necesario necesariamente es necesario"; por lo tanto, la relación es reflexiva y transitiva.
3. S5 (o KTB4), si y solo si capta "lo posible, necesariamente es posible"; la relación es reflexiva, simétrica ´ y transitiva (relación de equivalencia).

La relación entre mundos es denominada **"relación de accesibilidad"**: un mundo puede ser o no accesible desde sí mismo, desde otro, hacia otro, etc. Al decir "$\square$p es V en el mundo m" se entiende que:

1. En T, p es V en los mundos accesibles desde m –que son los mundos posibles desde el punto de vista de m– (solo está garantizado que m está relacionado consigo mismo).
2. En S4, p es V en los mundos accesibles desde m y en los accesibles desde los accesibles en el 'paso' anterior, etc.
3. En S5, p es V en los mundos accesibles desde m, en los accesibles desde los accesibles, etc., y en aquellos desde ´ los que es accesible m, etc. –en algún sentido se elimina ´ en este caso la complicación de los 'puntos de vista'–.

Capítulo 6

Demostración sin cuantificadores de Gödel

Kurt Gödel ha dado también una versión modal, de inspiración leibniziana, del argumento ontológico. Explicamos algunos símbolos, otros los damos por supuestos junto con un conocimiento básico de la lógica proposicional moderna:

Las letras griegas son variables de predicados, mientras que las otras letras como "x", "y", son variables de individuos.

El símbolo en forma de cuadrado significa "es necesario" o "necesariamente", mientras que el símbolo en forma de rombo significa "es posible" o "posiblemente".

P es el predicado "…es una perfección positiva".

G es el predicado "…es divino".

"…ess x" es el predicado "…es esencia de x".

E es el predicado "…existe necesariamente".

Ax. 1. $\{P(\varphi) \wedge \Box \, \forall x[\varphi(x) \to \psi(x)]\} \to P(\psi)$
Ax. 2. $P(\neg\varphi) \leftrightarrow \neg P(\varphi)$
Th. 1. $P(\varphi) \to \Diamond \, \exists x[\varphi(x)]$
Df. 1. $G(x) \iff \forall\varphi[P(\varphi) \to \varphi(x)]$
Ax. 3. $P(G)$
Th. 2. $\Diamond \, \exists x \, G(x)$
Df. 2. $\varphi \text{ ess } x \iff \varphi(x) \wedge \forall\psi \{\psi(x) \to \Box \, \forall y[\varphi(y) \to \psi(y)]\}$
Ax. 4. $P(\varphi) \to \Box \, P(\varphi)$
Th. 3. $G(x) \to G \text{ ess } x$
Df. 3. $E(x) \iff \forall\varphi[\varphi \text{ ess } x \to \Box \, \exists y \, \varphi(y)]$
Ax. 5. $P(E)$
Th. 4. $\Box \, \exists x \, G(x)$

Axioma 1. Una propiedad es positiva si contiene necesariamente una propiedad positiva. (Una proposición implicada necesariamente como positiva es positiva)

Axioma 2. Una propiedad es positiva si, y sólo si, su negación es negativa (o bien una propiedad o su negación son positivas pero no ambas).

A partir de ellos, se presenta su primer teorema:

Teorema 1. Una propiedad positiva es lógicamente consistente. (Propiedades positivas se pueden posiblemente ejemplificar)

El teorema 1 nos indica que todo lo positivo es posible. Este teorema suele llamarse también ejemplificación. Gödel puede entonces definir la esencia de su objeto tal que todas sus propiedades esenciales se deben derivar de su esencia, es decir:

Definición 1. Una propiedad es la esencia de un objeto si, y sólo si, el objeto tiene dicha propiedad, y esta propiedad es necesariamente mínima. (Todo ser semejante a Dios posee todas las propiedades positivas)

Definición 2. Algo es "semejante a Dios" si, y sólo si, posee la esencia de todas las propiedades positivas.

En este punto destaca lo verdadera importancia de ser "semejante a Dios" lo cual significa tal que posea todas las propiedades esenciales positivas (¿el nombre de Dios?), y no se describe a Dios desde algún concepto teológico.

La tercera definición que introdujo Gödel está basada en la existencia necesaria, la cual nos indica que aquel objeto que posea un conjunto de propiedades positivas, como un todo, presenta una propiedad positiva. Se puede resumir del siguiente modo:

Definición 3. Algo existe necesariamente si tiene una propiedad esencial.

Mediante estos axiomas, teoremas y definiciones, se debe deducir que un ser "semejante a Dios" es realmente algo positivo.

Gödel entonces introduce el axioma 3 que nos asegura que ser "semejante a Dios" implica poseer las propiedades positivas mencionadas anteriormente.

Axioma 3. Ser "semejante a Dios" es una propiedad positiva.

El próximo axioma es consecuencia de la definición 3 basada en el operador modal necesidad, resaltando el hecho de que la existencia necesaria es también una propiedad positiva, es decir:

Axioma 4. La existencia necesaria es una propiedad positiva.

El aspecto importante que se debe tener presente en las formulaciones lógicas es que la esencia de un determinado objeto es de por sí una propiedad esencial de la cual se puede derivar el resto de las propiedades esenciales del objeto. De allí que el teorema 2 señala:

Teorema 2. Si x es "semejante a Dios", entonces ser "semejante a Dios" es la esencia de x.

Definición. X existe necesariamente si tiene la propiedad esencial (NE).

Por lo que puede indicar:

Axioma 5. Ser NE es ser "semejante a Dios"

Concluye con el siguiente teorema, que advierte que necesariamente debe existir un ser semejante a Dios, es decir:

Teorema 3. Existe necesariamente alguna x tal que x es "semejante a Dios"

Resumiendo

Axioma 1. Una propiedad es positiva si, y sólo si, su negación es negativa. (Dicotomía)

Axioma 2. Una propiedad es positiva si contiene necesariamente una propiedad positiva. (Cierre o clausura)

Teorema 1. Una propiedad positiva es lógicamente consistente. (Ejemplificación, existencia de un caso particular)

Axioma 3. Ser "semejante a Dios" es una propiedad positiva.

Axioma 4. La existencia necesaria es una propiedad positiva.

Teorema 2. Si x es "semejante a Dios", entonces ser "semejante a Dios" es la esencia de x.

Definición. NE(x), X existe necesariamente si tiene una propiedad esencial (NE).

Axioma 5. Ser NE es ser "semejante a Dios".

Teorema 3. Existe necesariamente alguna x tal que x es "semejante a Dios"

El trabajo de Benzmüller y Paleo escruta computacionalmente la lógica presentada por Gödel, y posteriormente la convalida, la cual ya ha sido analizada por una pléyade de filósofos y matemáticos. El valor agregado fue adaptar esa formulación a través del análisis usando un computador lo cual demandó un conocimiento a priori de las reglas sintácticas de un lenguaje de programación. Sin descartar su esfuerzo, y por la diversidad de comentarios emitidos con relación a esa demostración, es como si se hubiera admitido que fue el computador quien validó lo expresado por Gödel, lo cual, sin lugar a dudas, es incorrecto.

Capitulo 7

El argumento de Gödel.

Kurt Gödel ha dado también una versión modal, de inspiración leibniziana, del argumento ontológico. Explicamos algunos símbolos, otros los damos por supuestos junto con un conocimiento básico de la lógica proposicional moderna:

El argumento tiene dos partes. En la primera establece que Dios es posible (Teorema 2), es decir, que hay al menos un mundo posible en el que Dios existe; en la segunda establece que si Dios es posible, entonces existe en todos los mundos posibles, o sea, necesariamente, y por tanto, también en nuestro mundo real. (Teorema 4)

Para decir que Dios es posible, establece que toda perfección positiva es posible(Teorema 1), y que la Divinidad es una perfección positiva.

Para lo primero, la idea parece ser que una perfección positiva nunca puede dar lugar a una contradicción, que sería lo necesario para que esa perfección positiva fuese imposible. Y no puede hacerlo, porque de ella sólo pueden derivarse perfecciones positivas (Axioma 1), que por tanto, no la contradicen, ya que una perfección positiva no puede ser nunca la negación de otra perfección positiva(Axioma 2).

Argumentando por absurdo, si una perfección positiva fuese imposible, entonces sería contradictoria, y por tanto, implicaría su propia negación. Pero por el Axioma 1, entonces, su negación sería una perfección positiva, mientras que por Axioma 2 no puede serlo.

Para lo segundo, establece que Dios es el conjunto de todas las perfecciones positivas (Definición 1), y que dicho conjunto es una perfección positiva (Axioma 3).

Para establecer que Dios existe en todos los mundos posibles, Gödel debe establecer dos cosas: que la existencia necesaria es una perfección positiva, y que la existencia necesaria le pertenece necesariamente a Dios.

Esto último se debe a que Gödel quiere evitar la crítica de Kant acerca de que la existencia no es una propiedad de las cosas, apelando, no a que la existencia es una propiedad de Dios, sino a que es una propiedad necesaria de Dios, con lo cual él y muchos otros, como vimos arriba el caso de Malcolm, creen que pueden sortear la objeción de Kant.

Para establecer lo primero, entonces, Gödel recurre simplemente a un axioma: la existencia necesaria es una perfección positiva (Axioma 5).

Para establecer lo segundo, o sea, que Dios tiene necesariamente la existencia necesaria, Gödel recurre al concepto de "esencia", pues define la existencia necesaria como la característica de aquel ente que es tal, que necesariamente existe algo que tiene su esencia (Definición 3).

O sea: Gödel debe probar que si es posible que Dios exista, entonces necesariamente Dios es tal que necesariamente existe algo que tiene su Esencia.

Para probar esto, Gödel necesita mostrar que la existencia necesaria pertenece a la Esencia divina, y, dado que ya tiene un axioma que dice que la existencia necesaria es una perfección positiva, para esto necesita probar que el conjunto de todas las perfecciones positivas es la Esencia de Dios (Teorema 3).

Porque en efecto, todo lo que pertenece a la esencia de un ente, según la definición de "esencia" de Gödel (Definición 2) se sigue necesariamente de esa Esencia. Por tanto, si la existencia necesaria, como perfección positiva que es, pertenece a la Esencia divina, entonces se sigue necesariamente del hecho de que algo sea Dios, o sea, es una propiedad necesaria de Dios.

La prueba de que todas las perfecciones positivas constituyen la Esencia de Dios, depende de la definición de "Esencia" (Definición 2) como aquello de lo cual se siguen necesariamente todas las propiedades de la cosa. Es evidente que si algo es divino si y sólo si constituye el conjunto de todas las perfecciones positivas (Definición 1) entonces dicho conjunto es la Esencia de la Divinidad.

Resumiendo, sobre la base de la posibilidad objetiva de Dios, entonces, Gödel quiere demostrar la existencia necesaria de Dios. El argumento es que la posibilidad objetiva de Dios incluye la totalidad de las perfecciones positivas, y que una de ellas es la existencia necesaria, pero es claro que esto está pidiendo ulteriores aclaraciones, porque si partimos de la idea de la posibilidad objetiva de Dios, la totalidad de las perfecciones positivas está ahí incluida como posible, en principio, y hay que mostrar todavía que esas perfecciones posibles son también actuales.

Una de las formas de argumentar, partiendo del concepto de la posibilidad objetiva de Dios como totalidad de las perfecciones positivas, es que al menos la existencia necesaria, que es una de esas perfecciones positivas, no puede estar allí solamente como posible, porque entonces no sería necesaria, sino contingente, pudiendo ser y pudiendo también no ser. Y entonces, ha de estar actualmente dada.

Una forma de este mismo argumento más cercana al argumento de Gödel, que luego retomará Plantinga, parece ser demostrar primero que la existencia necesaria, junto con todas las otras perfecciones positivas que integran la esencia posible de Dios, está de hecho instanciada en al menos un mundo posible (forma complicada de decir que la Esencia divina es posible), y luego, concluir que no puede estar instanciada en un solo mundo posible, ni dejar de estarlo en algún mundo posible, porque entonces no sería necesaria, sino contingente. Debe por tanto estar instanciada en todos los mundos posibles, y por tanto, también en el real.

La crítica filosófica a este argumento de Gödel (y de Plantinga) es la que ya vimos: en esta vida no podemos tener un conocimiento adecuado de la Esencia divina, es decir, un conocimiento de la Esencia divina según su modo propiamente divino de ser, y que sin ese conocimiento no es posible conocer la posibilidad real de Dios antes de demostrar Su existencia.

En el caso de Dios, como dijimos, el hecho de que su concepto no implique contradicción (la prueba, en definitiva, que da Gödel de la necesaria posibilidad de toda perfección positiva (Teorema 1)) no quiere decir todavía que Dios sea objetivamente posible. En efecto, ningún concepto que sea el concepto de una esencia posible puede implicar contradicción, pero de ahí no se sigue que todo concepto que no implica contradicción sea el de una esencia posible.

Sin duda, todo lo que en sí mismo es no contradictorio, es posible, pero de ahí no se sigue que todo lo que en nuestro concepto no es contradictorio, no lo sea en sí mismo, pues para eso haría falta que todo concepto nuestro fuese el concepto adecuado de una esencia, y no es así, al menos, en el caso de la Esencia divina, justamente.

Obviamente, esto tampoco quiere decir que la Esencia divina sea contradictoria en sí misma, sino que no podemos afirmarlo ni negarlo a partir de nuestro solo concepto de Dios.

Se debe agregar, en conexión con la imposibilidad de un conocimiento adecuado de la Esencia divina en esta vida, y por tanto, de la posibilidad objetiva de Dios, antes de haber demostrado su existencia a partir de las cosas creadas de hecho existentes, que por eso mismo, la existencia necesaria de que se viene hablando aquí es la existencia necesaria pensada, "in actu signato", no la existencia necesaria ejercida, "in actu exercito", que es lo que se afirma cuando se afirma que Dios existe, y que lo único que se ha demostrado, entonces, es que si Dios existe, existe en todos los mundos posibles, o sea, necesariamente.

Capítulo 8

¿Qué son los seres contingentes?

Antes de exponer la definición, comprendamos dos cualidades esenciales que poseen los seres contingentes:

1) Cualidad de dependencia: los seres contingentes dependen de la existencia de algún otro ser para existir.

Es fácil comprender esta cualidad debido a que cada uno de nosotros la ha experimentado. Pensemos en nosotros mismos; como seres humanos somos seres contingentes porque dependemos de algún otro ser para existir. Necesitamos la existencia de seres vivos —padres que den a luz nuestra existencia— y seres no vivos —alimento, agua, oxígeno, entre otros— que mantengan viva nuestra existencia. No podemos existir por nosotros mismos ya que necesitamos de la existencia de otros seres para existir. Somos seres contingentes.

2) Cualidad de existencia: los seres contingentes tiene la posibilidad de no-ser.

Los seres contingentes existen, pero no existen necesariamente. La mejor forma de comprender esto es cuestionarnos a nosotros mismos: ¿existo? ¡Claro que existo! Pero pude no existir. Mis padres pudieron vivir sin conocerse, o tomar la decisión de no tener hijos. Es posible que no hubiera nacido, o que naciera otro en lugar de mí. Entonces, ¿por qué éxito? Tenemos la posibilidad de no-existir. Somos pero podemos no-ser; nuestra existencia es contingente.

En resumen, los seres contingentes son aquellos que no poseen una razón suficiente para pasar de la no-existencia a la existencia; del no-ser al ser. Estos seres dependen de la existencia de algún otro ser que de la razón suficiente (la explicación) del traslado del no-ser al ser; es decir, necesitan de al menos un ser que brinde una razón suficientemente válida para explicar su existencia. Todo aquello que nace y muere, cambia de tamaño, forma y/o lugar es un ser contingente.

¿Qué es un ser necesario?

Un ser necesario es aquel que posee en su esencia el acto puro de existir. Existe por sí mismo y no tiene la necesidad de otro ser para existir. Este ser es en sí mismo razón suficiente de su existencia; existe por necesidad de su propia naturaleza. Muchos matemáticos piensan que los números, los conjuntos y otras entidades matemáticas existen de esta forma.

Capítulo 9

Argumento Cosmológico

En el presente artículo presentaremos, por primera vez, una formulación nuestra del argumento cosmológico de contingencia. Veamos el argumento:

Premisa #1: El universo es contingente o necesario.
Premisa #2: Todas las partes del universo son contingentes.
Premisa #3: El universo es el conjunto de todas sus partes.
Premisa #4: La suma de partes contingentes no puede dar un conjunto necesario.

Conclusión: El universo no puede ser necesario, por ende es contingente. Este argumento está formulado a modo de razonamiento deductivo por medio de silogismo disyuntivo (*"Modus Tollendo Ponens"*) donde la conclusión —la eliminación de la disyunción— depende de la veracidad de sus premisas; si las premisas son ciertas, se deduce necesariamente que la conclusión es cierta.

Examinando las Premisa

1. **"El universo es contingente o necesario".**

Esta premisa se deduce de forma empírica. Nuestra experiencia sensible del funcionamiento de los seres nos revela esta realidad. Vivimos en un mundo compuesto de seres, pero estos seres existen dentro de estas dos alternativas: no es posible concebir una tercera. O bien existen por sí mismos —son seres necesarios— o necesitan de la existencia de otro ser para existir —son seres contingentes. No es posible concebir otra opción.

3. **"Todas las partes del universo son contingentes".**

No existe parte en el universo que pueda sostenerse por sí misma. Independientemente del significado que le demos a la palabra "parte" (estrellas, planetas, galaxias, moléculas, átomos, radiación, entre otros), ninguna de sus partes está compuesto de una energía ilimitada e inagotable.

Según la segunda ley de la termodinámica la cantidad de entropía del universo incrementa con el tiempo. La entropía mide el grado de organización en un sistema, esto significa que el incremento de entropía equivale a un aumento de desorden en el sistema, y la disminución de entropía aumenta el orden en el sistema. Según esta ley de entropía, a toda la materia del universo se le agota la energía utilizable ocasionando un incremento de entropía a medida que pasa el tiempo. En cada momento que el hidrógeno se utiliza en las estrellas, minuto a minuto, año tras año, la existencia del hidrógeno es cada vez menor y seguirá desvaneciendo hasta agotarse. No existe parte en el universo que tenga energía ilimitada para sostenerse; por ende, todas las partes del universo son contingentes.

Otra forma de sostener esta premisa es partiendo de la validez del modelo estándar del *"Big Bang"*. Si observamos bien el universo, ninguna de las partes que lo componen existe de modo necesario. Cuando el universo estaba muy denso en el pasado, ninguno de sus componentes existía; todos comenzaron a existir a partir del *"Big Bang"*.

4. "El universo es el conjunto de todas sus partes"

Esta premisa es la forma esférica de la cadena circular de contingencia, expliquemos las cadenas:

- Cadena lineal: la cadena lineal de seres contingentes es una regresión lineal hacia el pasado. Por ejemplo: un niño necesita de padres que existan antes de sí para nacer; sus padres también necesitan de padres previos para nacer. Luego, estos padres también necesitan de otros padres, y estos de otros, y así sucesivamente creando una cadena lineal de seres contingentes hacia el pasado. Como explica Tomás de Aquino, esta cadena no puede ser infinita hacia el pasado y por ende necesita de un ser trascendente que dé comienzo a esta cadena.
- Cadena circular: la cadena circular de seres contingentes sugiere erradamente que los seres contingentes pueden sostenerse a sí mismos de forma circular. Por ejemplo: supongamos que una primera persona agarra la mano de un segundo, la segunda persona agarra la mano de un tercero y este de un cuarto, luego le añadimos un quinto, un sexto, y un séptimo, así seguimos añadiendo personas hasta dar la vuelta al mundo donde el último agarra la mano del primero, teniendo así una cadena circular de seres contingentes sosteniéndose unos a otros.
- Forma esférica: para la forma esférica simplemente multipliquemos la cadena circular de personas contingentes por toda la faz de la Tierra hasta forrar la Tierra de humanidad; hemos creado una pelota gigante de seres humanos.
Si asumimos una forma esférica del universo —para beneficio del ejemplo— el universo es una pelota gigante del conjunto de todas sus partes. El modelo estándar de la física subatómica expone que la materia

está compuesta por partículas diminutas llamadas *"quarks"*. El universo es el conjunto de toda una colección de *"quarks"* organizados en diversas formas. Así como la pelota humana gigante está compuesta de seres humanos, el universo entero es el conjunto de toda una colección de *"quarks"*; toda la materia está compuesta de *"quarks"*.

5. "La suma de partes contingentes no puede dar un conjunto necesario"

Es preciso hacer la distinción de que esta premisa no va dirigida a la forma ni cantidad que tengan las partes contingentes, sino hacia el contenido en esencia de estas partes. Las partes son contingentes en su ser; todo lo que es contingente en su ser es potencialmente un no-ser. El ser es una cualidad fundamental y sustantiva, no accesoria ni adjetiva. El ser es lo que es y no algo relacionado a lo que es. Si algo es contingente en su ser, es contingente en todo lo que es. La premisa se dirige hacia la esencia del ser y no hacia la forma o cantidad del ser. Es por esto que la premisa no dice: *"si todas las partes de un conjunto son contingentes, entonces el conjunto es contingente"*; esta formulación simplemente nos dejaría atrapados en la falacia de composición.

La falacia de composición nos advierte que un todo no funciona necesariamente igual que sus partes. Por ejemplo: Si trazamos una "X" dentro de un cuadrado y dividimos sus partes tendríamos cuatro triángulos; si unimos nuevamente sus partes tendríamos nuevamente el cuadrado. Es por esto que es un razonamiento falaz pensar que si todas las partes tienen forma de triángulo, el conjunto de todas sus partes también tiene que tener forma de triángulo; esa es una falacia que nuestra premisa no comete. No es un asunto de forma ni cantidad sino de lo que contiene la esencia de los seres contingentes. No se trata de la forma o cantidad que utilicen las figuras geométricas; se trata de que las figuras geométricas no pueden darnos algo más allá que figuras geométricas. Agrupemos figuras geométricas hasta cansarnos y la suma de ellas nunca nos dará sonido. Unamos la totalidad del agua existente en el universo y no obtendremos fuego. Sumemos números positivos hasta el infinito y nuestro resultado nunca será negativo. No se trata de la forma o cantidad en que estén agrupados los seres contingentes (sea lineal, circular, esférica, teoría A o B del tiempo, universo ondulatorio o no, etc.), la esencia de los seres contingentes no puede darnos algo más allá de la pura contingencia. Es una imposibilidad metafísica que la suma de seres contingentes puedan dar un conjunto necesario.

Conclusión:
"El universo no puede ser necesario, por ende es contingente".

La conclusión simplemente se deduce por silogismo disyuntivo ("*modus tollendo ponens*") que consiste en eliminar una disyunción (eliminar la disyunción "o") de la siguiente forma:

1. A o B.
2. No puede ser A.
3. Por tanto, B.

También puede tener la siguiente forma:

1. A o B.
2. No puede ser B.
3. Por tanto, A.

La argumentación es válida si ocurre lo siguiente:

1. Sólo hay dos alternativas posibles (no hay una tercera).
2. Tiene que darse necesariamente una de las dos alternativas (ambas no pueden ser simultáneamente falsas).
3. Las dos opciones son incompatibles (ambas no pueden ser simultáneamente ciertas).

Siguiendo el silogismo disyuntivo o "*modus tollendo ponens*" se deduce:

1. El universo solo puede ser contingente o necesario (premisa #1).
2. El universo no puede ser necesario (premisas #2, #3, y #4).
3. Por tanto, el universo es contingente.

Nuestro universo contingente

Es posible concebir que nuestro universo es contingente. La colección de "quarks" que componen al universo puede ser diferente pero no sin cambiar nuestro universo. Es decir, es posible concebir una colección diferente de "quarks" a la que tenemos pero esto implicaría un universo diferente al que tenemos. Por ejemplo: Pensemos en los árboles, ¿podrían los árboles dejar de ser lo que son transformando la configuración de sus *"quarks"* y en lugar de ser de madera ser de hielo? Claramente, ¡no! Esto solo puede lograrse por medio de substitución y no por transformación. Los mismos árboles no pueden dejar de ser de madera para luego ser de hielo, tendríamos que cambiarlos por otros árboles diferentes o añadirle partes que no le pertenecen; pero estos árboles no serían los mismos árboles. Cambiar la colección de *"quarks"* automáticamente cambia el conjunto en su totalidad. Un universo hecho de diferentes *"quarks"*, aunque haya sido arreglado idénticamente como este universo, sería un universo diferente. Eliminar un *"quarks"* del conjunto elimina todo el conjunto porque los *"quarks"* no se componen de algo, ellos son las unidades básicas de la materia y si un *"quark"* no existe, la materia no existe. Se deduce, entonces, que nuestro universo no es el mismo en todos los mundos posibles y, por ende, tiene la posibilidad de no-ser como es.

Capítulo 10

El universo depende de un Ser Necesario

Todo lo que es contingente tiene la posibilidad de no-ser. Los seres contingentes son potencialmente un no-ser y depende de otro ser para ser. Todo lo que existe pero tiene la posibilidad de no existir no posee en sí la plenitud del ser y necesita de otro ser para sostener su existencia. El universo no puede sostenerse a sí mismo y necesita de otro ser para existir. Su existencia nace de algún otro ser que exista previamente antes de sí y que pueda traerlo a la existencia; esto porque lo que aún no existe solo comienza a existir en virtud de lo que ya existe.

El universo es contingente y necesita de otro ser para ser. La nada no es un ser por lo que el universo no puede salir de la ausencia de todos los seres. El universo mismo no puede ser razón de su existencia porque para traer algo a la existencia primero hay que existir para luego traer a existencia. El ser que trae al universo a la existencia no puede ser contingente porque la suma de seres contingentes no puede sostenerse. Si sumamos nuestro universo contingente más un ser contingente que lo traiga a la existencia, el resultado es contingente porque lo contingente no puede darnos algo más allá de la contingencia; lo contingente no puede sostenerse. Añadir conjuntos contingentes tampoco resuelve el dilema. Si el universo se sostiene en un multiverso, la suma de universos contingentes no puede darnos un multiverso necesario; el multiverso también es contingente y necesita de otro ser para existir.

Añadir universos no resuelve el problema por lo que se debe aplicar el principio epistémico conocido como *"La navaja de Ockham"*. Este principio indica que siempre debemos acudir a la explicación más simple, por ende no es correcto multiplicar y complicar innecesariamente los entes para asumir una solución inexistente del problema. La multiplicación y complicación innecesaria de los entes no resuelve el problema, simplemente lo esconde para que sea más difícil verlo.

En conclusión, el universo solo encuentra la razón de existencia en un ser que sea acto puro de existir y de sustento a su existencia. El ser que da existencia al universo debe poseer en sí la plenitud del ser y existir por sí mismo sin necesidad de otro ser para ser; este ser es precisamente lo que conocemos como un ser necesario.

¿Qué debe ser el Ser Necesario?

El Ser Necesario debe ser eterno porque un ser necesario es acto puro de existir y no posee posibilidad de no-ser. También debe ser inmaterial porque, siendo la materia contingente, es el ser que da existencia a toda la materia. (Inmaterial es una expresión, debe poseer una materia, su materia, no entendible por conceptos humanos)

Hay solo dos entidades que podrían habitar en esta categoría:

1. Objetos abstractos (números o entidades matemáticas)
2. Una mente

Los objetos abstractos existen pero no son capaz de traer algo a la existencia porque estos no tienen voluntad y para crear algo se necesita voluntad. Sin embargo una mente si tienen voluntad para generar efectos en el mundo natural. Mi mente fue capaz de crear movimiento en mis dedos para escribir este artículo; tu mente fue capaz de mover tus dedos para hacer que entres a nuestra página a leer el presente artículo. Por ende, si el universo depende de un ser eterno e inmaterial para existir, a modo de eliminación este ser es una mente inteligente.

La mente inteligente que creó el universo contingente es sobrenatural porque al traer lo natural a la existencia implica que no es parte de la naturaleza misma y está por encima de ella. Este ser sobrenatural es el que conocemos como Dios.

Los argumentos cosmológicos

Los argumentos cosmológicos pueden ser agrupados dentro de tres tipos: El argumento cosmológico Kalam para una primera causa del inicio del universo; el argumento cosmológico tomista y el argumento cosmológico Leibniziano para una razón suficiente ¿por qué hay algo en lugar de nada?.

Los argumentos cosmológicos son una familia de argumentos que buscan demostrar la existencia de una razón suficiente o primera causa de la existencia del cosmos. Este argumento a lo largo de la historia ha tenido bastantes defensores y proponentes, por mencionar algunos dentro de la filosofía occidental tenemos a: Platón, Aristóteles, Ibn Sina, Al-Ghazali, Maimonides, Anselmo, Aquino, Scotus, Descartes, Spinoza, Leibniz y Locke.

Capítulo 11

El argumento cosmológico de Aquino (AC)

Aquino introduce tres conceptos lo necesario, lo posible, y lo contingente. Muy bien podemos simplificar su razonamiento como:

La declaración más breve y genérica del argumento de Aquino se encuentra en el capítulo 15 de la "*Summa contra gentiles*". Es similar a su predecesora aristotélica. Dice: "Vemos en el mundo cosas que pueden existir o pueden no existir. Bien, todo lo que puede existir tiene una causa, pero uno no puede agregar un número infinito de causas. Por lo tanto, debemos asumir algo cuya existencia es necesaria". (*Summa contra gentiles*, 15.124, extracto).

Tomás de Aquino rechazó el molde platónico de la teología de Agustín y baso su pensamiento en Aristóteles. Por lo tanto, él no tenía tiempo pare el argumento ontológico, mas el reconstruyó el argumento cosmológico.

Haciendo referencia de nuevo al conocimiento, la diferencia entre estos dos argumentos es básicamente una diferencia en epistemología : para Agustín no era necesario comenzar con la experiencia sensorial , ya que se podía ir directamente del alma hasta Dios ; mas Aquino escribió: " El intelecto humano ...es en principio una tabla blanca sobre la cual nada está escrito "(*Summa Theologica* I, Q : 97 , 2) . Es la sensación que escribe en una *tabula rasa.* La mente no tiene ninguna forma de si misma. Todo su contenido proviene de la sensación.

Punto 1: Lo que observamos y experimentamos en este universo es

Contingente

Primero, esta es una observación acerca de las cosas que vemos y conocemos en el mundo real que nos rodea. No pretende incluir todas las cosas del universo, mucho menos toda cosa posible, sólo lo que hemos experimentado.

Segundo, el elemento clave de esta secuencia es "contingente". En su contexto, esto significa que una cosa debe su existencia a algo más, no existe por sí misma. Necesita una causa.

Entonces el mundo consiste en una serie de causas que a su vez están conectadas y forman sistemas. Es decir, B causa a A, pero sólo si C causa a B, y así sucesivamente. Todo lo que conocemos posee este tipo de contingencia: existe y funciona sólo porque es causado por otros factores en su cadena causal. No conocemos ninguna cosa que por sí misma inicie espontáneamente su propia actividad causal. Nuevamente, nada de esto tiene que ver con saberlo todo. Incluso si algo sí iniciara espontáneamente, no tendría efecto en el argumento cosmológico, como veremos después.

Punto 2: Un sistema de cosas contingentes causalmente dependientes no puede ser infinito

La idea subyacente es que sin importar cuán compleja e interconectada sea, la serie o sistema de cosas contingentes causalmente relacionadas no es infinita. Tomás de Aquino usa la ilustración de una mano que mueve una vara, que a su vez mueve una bola. Quizá la imagen más utilizada en discusiones recientes es la de un tren. Imagine que ve pasar un tren por primera vez. Desconcertado se pregunta cómo se mueve el vagón que pasa a su lado. Se da cuenta que está siendo jalado por el vagón anterior, y así sucesivamente, hasta donde se pierden de vista los rieles.

Esta imagen nos permite visualizar los diferentes escenarios naturalistas, tan escuchados en nuestra sociedad y que intentan describir la forma en que vienen a existir las cosas en nuestro mundo. "El cosmos es un gran círculo de vida", se nos dice. Sin embargo, agregar vagones hasta recorrer todo el mundo en círculo y que el último se conecte con el primero no explica la razón del movimiento, ni siquiera del primer vagón. Justo así, si unas cosas contingentes causan la existencia de las demás dentro de un círculo cerrado, no queda nada que inicie la causalidad, nada inicia nunca. Hay un escenario tal vez más promisorio ofrecido por los naturalistas: "El cosmos es un ecosistema intrincadamente evolucionado en el que todo está relacionado causalmente a todo lo demás". Así que los vagones abarrotan el mundo en un sistema inimaginable complejo de rieles, donde de alguna forma cada vagón está conectado al primero y, por lo tanto, es jalado.

Aún no tenemos explicación para el movimiento del primer vagón, e igualmente para la existencia de las cosas reales en nuestro mundo. Por supuesto, siempre es tentador decir que basta con saber que cada vagón es jalado por el que le antecede. En un sentido es claramente cierto que el vagón A es jalado por el vagón B. Pero B puede jalar A sólo porque al mismo tiempo C está jalando a B. La acción de atracción de B es transferida desde C.

Entonces también es cierto que A es jalado por C. Por supuesto, lo mismo es cierto de D, y E, y así sucesivamente. Una última opción se sugiere a sí misma. Suponga que hay una cantidad infinita de vagones, o como dicen los naturalistas: "Lo intrincado del universo se pierde en una complejidad infinita". Pero un número infinito de vagones, sin importar la complejidad de su disposición, dejan todavía sin explicar por qué se mueve el primer vagón y, por lo tanto, por qué se mueve cada uno de los demás. Dejar que la secuencia se pierda en el infinito no explica nada.

Punto 3: El sistema de cosas contingentes causalmente dependientes debe ser finito

Esta idea es simplemente la conclusión obvia del punto 2. Si la serie o sistema no pueden ser infinitos, entonces deben ser finitos. No hay otra opción, a menos que uno quisiera argumentar que nada existe en realidad. Algunos piensan que el mundo es sólo una fantasía privada, pero esa opción es muy poco racional.

Conclusión: Debe haber una primera causa en el sistema de cosas contingentes

Si la secuencia causal es finita, entonces debe haber una primera causa sin importar cuántas causas haya en la serie. Este concepto de "primera causa" conecta dos ideas. Decir que una causa es la primera es decir que no necesita ni tiene causa. ¡La primera es la primera! Entonces es fundamentalmente diferente de todas las demás causas de la serie: no es contingente. No depende absolutamente de nada, ni está limitada por nada, ni existe por ninguna otra causa. Sencillamente inicia la causalidad.

Por otro lado, decir que la conclusión es la primera causa es definir su relación con todo lo demás en la serie: particularmente que es la causa de todo lo demás. Es la causa de todas las cosas porque inicia toda la actividad causal, sin negar que de hecho cada causa es por derecho propio causa de la siguiente en la serie, y es el efecto de la anterior. Este es el significado total de la omnipotencia: que casi literalmente todo poder tiene su única fuente aquí.

La única explicación para la línea de vagones en movimiento es que en algún lugar hay una locomotora con suficiente poder para jalar todo el tren, sin que ésta necesite ser jalada. Así que la idea de una primera causa es más completa de lo que parece a primera vista. Es la causa que inicia la existencia de todo el sistema de causas, y existe sin ninguna causa o dependencia de ningún tipo.

Carece completamente de causa. Note que no se causa a sí misma, como si tuviera deficiencias o necesidades que pudiera llenar. Carece completamente de causa, de límite y medida.

Hay tres tipos de objeciones generalmente confrontadas al argumento cosmológico. Primeramente, la crítica más frecuente al AC es que no hay razón para creer que la conclusión es el Dios cristiano: el Dios de la Biblia.

Aunque es un buen argumento, la objeción generalmente vale, sólo nos da una "primera causa". La causa podría ser algún factor de espacio-tiempo: digamos la teoría de la gran explosión, partículas elementales, un estado de energía o incluso un vacío original. Ciertamente la conclusión del argumento no nos lleva a un Dios creador infinito que nos ama y desea que nos relacionemos con Él y le adoremos.

Sí, debemos conceder que en sentido estricto la conclusión del argumento cosmológico no nos da un concepto completo de Dios. Sin embargo, lo que sí nos da, es que todo sistema causal tiene sólo un número finito de vínculos y, por lo tanto, una primera causa sin causa; es suficiente para vencer al naturalismo ateo cuando sostiene que el universo es un sistema causal cerrado existente por sí mismo, por casualidad, sin causa externa alguna.

Aun así, la mejor respuesta es estar de acuerdo: el AC sólo prueba lo que prueba. Ciertamente, querremos más información sobre Dios (otros argumentos y especialmente revelación). La gente que utiliza esta objeción con frecuencia supone que a menos que sepamos todo acerca de Dios, no sabemos nada.

Obviamente, esto es falso. Yo sé mucho acerca de muchas cosas sin saber todo acerca de ninguna de ellas. Se muchas cosas ciertas de mi vida, pero no pretendería estar ni siquiera cerca de saberlo todo.

Una segunda objeción dice que las series infinitas sí son posibles después de todo. Como el argumento cosmológico depende de la negación de una serie infinita de causas, supuestamente falla. La secuencia de números cardinales, como la aprendimos en la escuela primaria, es infinita. Podríamos asignar un número cardinal a cada miembro de cualquier secuencia causal y tendríamos entonces una secuencia infinita de causas.

Esta objeción se presenta en muchas formas, pero todas pasan por alto los detalles específicos del sistema de causas del AC. Son cuatro características.

Cada una es crucial para eliminar la posibilidad de infinidad. (1) Es un sistema: una red interconectada de causas y efectos. (2) Cada causa es contingente en sí misma: necesita una causa. (3) En el argumento cosmológico aristotélico (o aquinístico) la dependencia es concurrente, no cronológica. Se refiere a relaciones de dependencia concurrente dentro de un sistema de causas.

(4) La relación específica a la que se refiere el AC genérico es la causa de la existencia misma. El punto clave del argumento cosmológico es que no puede haber una serie infinita de causas con las cuatro características mencionadas arriba, no que no pueda haber series infinitas de otros tipos, incluyendo algunos muy similares, tales como secuencias de causas en el tiempo, como las relaciones padre-hijo.

Note que tomando en cuenta este punto, es irrelevante al argumento si el universo mismo puede ser infinito en cualquier sentido. Tomás de Aquino pensaba que por lo menos es posible que el universo exista en un tiempo infinito, como Aristóteles había dicho. Éste sostuvo que sólo por la Biblia sabemos que Dios creó el universo en un principio del tiempo. El argumento simplemente muestra que no puede haber una secuencia infinita de causas (dependientes y concurrentes) de la existencia de las cosas.

Una tercera objeción típica sostiene que no sabemos todo del universo y por lo tanto no podemos empezar el argumento sin una proposición acerca del universo entero. No sabemos si todo es contingente. La forma más fácil de contestar esto es admitir que es cierto, pero notar que no mencionamos, y a propósito evitamos mencionar, a todas las cosas o todo el universo. La conclusión sigue siendo válida. Además, el argumento muestra que si hay algo más que no sea contingente, entonces por definición no tiene causa y, por lo tanto no puede ser la gran explosión, ni alguna partícula, ni ningún otro suceso o cosa contingente.

El peor significado del argumento bajo esta objeción es que existen varios Dioses. Concedido, el AC por sí mismo no elimina eso. Sin embargo, Tomás de Aquino aprendió de Aristóteles, y de hecho Parménides lo supo antes, que sólo puede haber un ser infinito o sin causa. Cualquier segundo ser infinito tendría que ser diferente del primero en alguna forma, pero un ser infinito no puede ser más ni menos que otra cosa. Todos aprendimos desde la niñez que infinito menos o más infinito sigue siendo infinito. Así que sólo puede haber un Dios infinito.

Queda claro que Tomás de Aquino quería que este argumento jugara un papel importante en nuestro entendimiento, no sólo de Dios y la religión, sino de todo, como fue también para Aristóteles. Lo que dice es que no podemos darle ningún sentido a nuestra realidad lejos de Dios. El Dios del argumento Cosmológico da un mejor sentido a la forma en que experimentamos la vida.

Evidentemente debemos expresar la existencia en función del tiempo…Por lo tanto debemos usar una lógica temporal para expresarlos, si escucho bien, ¿una de tantas las lógicas temporales?

Se señala a los lógicos estoicos como los iniciadores de la lógica temporal y seguir un rastro de problemas que llegan hasta nuestros días', pero no se puede hablar propiamente de lógica temporal hasta los escritos de Arthur Prior a finales de la década de los cincuenta y en los sesenta'.

Capítulo 12

¿Qué es la lógica temporal?

La lógica temporal es una extensión de la lógica clásica' para permitir la formalización de enunciados que incluyan precisiones acerca del momento del tiempo en que han tenido lugar. En lógica clásica de proposiciones dos enunciados como «está lloviendo» y «lloverá» deben ser formalizados o bien como dos proposiciones completamente diferentes o como la misma proposición, la lógica temporal nos permite formalizarla como la misma acción en dos momentos diferentes del tiempo, nos permite discriminar si un hecho tiene lugar en el presente, en el pasado o en el futuro. Para lograr esto se introducirán, a nivel sintáctico, nuevos operadores referidos a los momentos del tiempo y, a nivel semántico, se perderá la funcionalidad de verdad. La lógica temporal es utilizada en filosofía con el objetivo fundamental de analizar y clarificar algunos conceptos clave recurrentes en la historia de la filosofía, la mayor parte de ellos señalados ya por Aristóteles.

Estos temas son, por ejemplo, la causalidad, la necesidad histórica, la identidad a través del tiempo y las nociones de sucesos y acciones. ¿Cómo interpreta el tiempo la lógica temporal? La lógica temporal no pretende dar una respuesta a las preguntas de ¿qué es el tiempo? o ¿cómo es el tiempo? Es más, se queda al margen de esas cuestiones. No hay una sola lógica temporal, sino que hay muchas lógicas temporales, dependiendo de la concepción del tiempo que nosotros tengamos o que nos interese utilizar en ese momento'. No será igual una lógica temporal que presente una visión del tiempo compatible con la mecánica clásica que otra que lo sea con la cuántica, pero ambas serán igual de legitimas si cumplen con los requisitos formales habituales.

Las lógicas temporales son variantes de la lógica modal que conciernen al razonamiento sobre la relación temporal de eventos. Existen muchos tipos de lógicas temporales. Sus diferencias radican en el modelo temporal, o sea, cómo cada una puede observar el paso del tiempo. Por ejemplo: el tiempo transcurrido entre eventos es observable, el tiempo transcurrido entre eventos no es observable, sólo el orden temporal de los eventos, los instantes de tiempo son numerables, los instantes de tiempo constituyen un conjunto denso, el transcurso temporal está organizado linealmente (como una sola ejecución), el transcurso temporal se ramifica (puede observar todas -o alguna de- las posibles ejecuciones a partir de cualquier instante)

La lógica temporal (Tense Logic) se deriva da la lógica modal, y fue introducida en 1960 por Arthur Prior[3]. El término de *Tense Logic* surge a raíz del interés de Arthur Prior por los estuDios del filósofo Diodoro Cronos (340-280 AC), aunque también se reconocen a Aristóteles ciertos escritos en los que aparecen expresiones semejantes a una lógica temporal de primer orden. A. Prior durante los años 50 y 60 son la base de esta disciplina, dándole así el título de padre fundador de la lógica temporal. Se reconocen distintas influencias en Prior; empezó trabajando en temas concernientes a la ética y teología, pero luego se interesó en las lecturas de los filósofos antiguos, así como también los megárico-estóicos. Prior desarrolló la lógica temporal como una herramienta para aclarar los temas concernientes al determinismo e indeterminismo que surgieron en la antigüedad, y también como una lógica capaz de formalizar proposiciones cuya verdad cambia con el tiempo. Hay una serie de autores que influyeron de algún modo u otro a su trabajo, dotándolo de distintas perspectivas pero con un elemento en común; la reflexión lógico-filosófica sobre los enunciados temporales. En las líneas siguientes mostramos un rastreo de los aportaciones lógico-filosóficos con más relevancia que jugaron un papel importante en la configuración actual de la lógica temporal.

Una de las primeras referencias sobre este problema son las consideraciones de Aristóteles (384 a. C. - 322 a. C.) y Diodoro Cronos (405 a. C. - 304 a. C.) sobre el determinismo, indeterminismo, naturaleza de los condicionales y los futuros contingentes.

Considere, por ejemplo, las siguientes proposiciones: «Cristo nació», «El Anticristo vendrá » y «La virgen María fue virgen antes, durante y perpetua después del parto» Dichas proposiciones son dogmas de la fe cristiana, pero a su vez dan lugar a problemas lógico-filosóficos. Por un lado el objeto de fe es el mismo. Por otro, hay al menos algunas diferencias entre lo que ha sido creído por los contemporáneos de Cristo (primera proposición), lo que ha sido creído por los creyentes de los siglos posteriores (segunda proposición) y en el caso de la tercera proposición; hay diferencia entre lo que creyeron los contemporáneos de María (que fue virgen antes del parto), los que estuvieron en el momento del parto (durante el parto) y los creyentes de los siglos posteriores. Lo curioso de estas proposiciones es que aun suponiendo que la fe puede ser mantenida con independencia del tiempo, los dogmas principales son descritos por estados temporales cuyo significado varía con el tiempo de la
misma manera que cualquier otro enunciado.

---

[3] Cf. A. Prior, Time *and Modality.* Oxford, Oxford University Pres, 1957. A. Prior, *Past, Present and Future.* Oxford, Oxford University Press, 1967. A. Prior, *Papers on Time and Tense.* Oxford, Oxford University Press, 1968.

Esta clase de problemas lógico-teológicos dieron lugar nuevos temas de discusión. Øhrstrøm y Hasle[4] señalan importantes paradigmas en la investigación lógica-filosófica medieval. Ejemplo de ello es el estudio sobre cómo determinar la referencia temporal de un sujeto. Este problema es conocido como Ampliatio. Otros como Incipit - Desinit, plantean el problema del inicio y finalización de una acción dentro de un límite temporal. Fueron recurrentes también los problemas que respectan a la presciencia divina, al problema de la libertad y del determinismo tratados por Tomás de Aquino, Agustin de Hipona, Ockham, Buridan y Leibniz principalmente, así como también las denominadas sophismatas.

Cuatro operadores temporales de Prior

Operador	Significado
Pp	**"En cierto tiempo se ha dado el caso de que p", o, «fue alguna vez en el pasado que» p**
Fp	**"En cierto tiempo se dará el caso de que p", o, «será alguna vez en el futuro que» p**
Hp	**"Siempre se ha dado el caso de que p", o, «ha sido siempre en el pasado que» p**
Gp	**"Siempre se dará el caso de que p", o, «será siempre en el futuro que» p**

Es habitual señalar a los lógicos estoicos como los iniciadores de la lógica temporal y seguir un rastro de problemas que llegan hasta nuestros días, pero no se puede hablar propiamente de lógica temporal hasta los escritos de Arthur Prior a finales de la década de los cincuenta y en los sesenta. La lógica temporal es una extensión de la lógica clásica, para permitir la formalización de enunciados que incluyan precisiones acerca del momento del tiempo en que han tenido lugar. En lógica clásica de proposiciones dos enunciados como «está lloviendo» y «lloverá» deben ser formalizados o bien como dos proposiciones completamente diferentes o como la misma

---

[4] ØHRSTRØM AND HASLE. Temporal Logic, From Ancient Ideas to Artificial Intelligence, Dordrecht, Kluwer Academic Publishers, 1995, pp. 39. 117.

proposición, la lógica temporal nos permite formalizarla como la misma acción en dos momentos diferentes del tiempo, nos permite discriminar si un hecho tiene lugar en el presente, en el pasado o en el futuro. Para lograr esto se introducirán, a nivel sintáctico, nuevos operadores referidos a los momentos del tiempo y, a nivel semántico, se perderá la funcionalidad de verdad. La lógica temporal es utilizada en filosofía con el objetivo fundamental de analizar y clarificar algunos conceptos clave recurrentes en la historia de la filosofía, la mayor parte de ellos señalados ya por Aristóteles.

Los operadores se pueden dividir en dos grupos: los dos primeros, P y F, son conocidos como *operadores temporales débiles*, mientras que a los dos últimos, H y G, se les conoce como *operadores temporales fuertes*. No obstante, existen equivalencias entre los dos grupos de operadores:

Pp ≡ ¬H¬p

"En cierto tiempo se ha dado p es equivalente a decir que es falso que siempre se ha dado no p (es decir, es falso que nunca se ha dado p)"

Fp ≡ ¬G¬p

"En cierto tiempo se dará p es equivalente a decir que es falso que siempre se dará no p"

En sus trabajos, Prior utilizó estos operadores para construir distintas fórmulas en las que pretendía expresar algunas de las tesis filosóficas acerca del tiempo, y que podían ser tomadas como axiomas de un sistema formal.

Uno de estos sistemas, que tiene especial importancia, es lo que se conoce como la *Lógica Temporal Mínima* K_t, que es generada por los siguientes cuatro axiomas:

p⟹HFp

p⟹GPp

H(p⟹q)→(Hp⟹Hq)

G(p⟹q)→(Gp⟹Gq)

Junto con las dos reglas de inferencia temporal:

RH: probando p, entonces puedo probar Hp

RG: probando p, entonces puede probar Gp

Al sistema K_t se le denomina «mínimo» porque no involucra ninguna asunción específica sobre la estructura del tiempo, es decir que no se asume ningún tipo de tiempo; lineal, ramificado, denso, etc.

Y por supuesto las reglas de la lógica proposicional. Los teoremas de K_t vienen a expresar principalmente aquellas propiedades de los operadores temporales que no dependen de ninguna suposición sobre el orden temporal. Más adelante se aclarará más este concepto.

Las lógicas temporales se obtienen añadiendo los operadores temporales a lógicas ya existentes. Resulta de especial interés la lógica de predicados temporal, que se obtiene añadiendo los operadores temporales a los clásicos predicados de primer orden, lo cual nos permitirá expresar importantes distinciones entre la lógica del tiempo y la existencia.

Veamos un ejemplo de lógica proposicional temporal. Considerando la afirmación *"Un ministro será presidente del gobierno"* podremos interpretarlas de diferentes maneras:

∃x(Ministro(x) ∧ F Presidente(x))	*Alguien que actualmente es ministro llegará a ser presidente en un tiempo futuro*
∃x F(Ministro(x) ∧ Presidente(x))	Ahora existe alguien que será en un futuro ministro y presidente a la vez
F ∃x(Ministro(x) ∧ F Presidente(x))	Existirá alguien que sea ministro, y que después será presidente
F ∃x(Ministro(x) ∧ Presidente(x))	Existirá alguien que sea al mismo tiempo ministro y presidente a la vez

Se observa que la interpretación de cada fórmula puede ser problemática, ya que para algunas, para poder interpretarlas correctamente será necesario introducir un dominio de cuantificación que sea relativo al tiempo. Es decir, semánticamente será preciso añadir un *dominio de cuantificación D(t)* para cada tiempo t. Eso nos lleva a plantear la semántica en la lógica temporal.

Capitulo 13

SEMÁNTICA EN LA LÓGICA TEMPORAL

Un concepto fundamental va a ser el de marco temporal, que es un conjunto T de entidades llamadas tiempos junto con una relación de orden < sobre T. Esto nos permite definir un flujo de tiempo sobre el que definir el significado de los operadores lógicos.

De esta forma podremos dar un valor de verdad a cada formula en cada tiempo del marco temporal.

El significado de los operadores temporales sería el siguiente:

- Pp es verdadero si y sólo si p es verdadero en un instante de tiempo t' tal que t'<t
- Fp es verdadero si y sólo si p es verdadero en un instante de tiempo t' tal que t<t'
- Hp es verdadero si y sólo si p es verdadero para todos los tiempos t' tales que t'<t
- Gp es verdadero si y sólo si p es verdadero para todos los tiempos t' tales que t<t'

Ahora podremos precisar más sobre las características del sistema Kt o lógica mínima temporal. Los teoremas de Kt serán precisamente aquellas fórmulas que son verdaderas en cualquier tiempo bajo todas las interpretaciones sobre todos los marcos temporales

EXTENSIONES A LA LÓGICA TEMPORAL

Aparte de los operadores PFHG ya comentados, en 1968 Kamp introdujo los operadores S (*since*, desde) y U (*until*, hasta) cuyo significado es el siguiente:

Operador	Significado
Spq	"q ha sido verdadero desde el momento en que p era verdadero"
Upq	"q será verdadero hasta el momento en que p sea verdadero"

También es posible definir los operadores P y F en términos de S y U:

Pp≡ Sp(p ∨ ¬p)
Fp≡ Up(p ∨ ¬p)

Estos dos operadores se muestran especialmente útiles para ordenaciones temporales estrictamente lineales.

Otro operador que se añade a los básicos es el operador **O,** como **"siguiente instante"**, que asume que la series temporales están formadas por una secuencia discreta de tiempos atómicos. Así el significado de este operador es el siguiente:

Operador	Significado
Op	"p es verdadero en el instante de tiempo inmediatamente posterior"

Del mismo modo que se define el operador **O** se podría definir uno análogo pero para instantes anteriores de tiempo, pero dado carece de interés en las principales aplicaciones de la lógica temporal.

ARGUMENTOS TEMPORALES

Con este método, la dimensión temporal se recoge, indicando para cada proposición, un argumento extra que contienen información temporal.

Si además incluimos en el lenguaje de predicados de primer orden un predicado < que denote la relación temporal *antes que*, y una constante *ahora*, que indique el instante actual, entonces podremos simular los operadores temporales en términos de lógica de predicados (p(t) representa el resultado de introducir el argumento temporal extra al predicado p):

Operador	Equivalencia
Pp	$\exists t(t<$*ahora* $\wedge$ p(t))
Fp	$\exists t($*ahora*$<t \wedge$ p(t))
Hp	$\forall t($*ahora*$<t \rightarrow$

	p(t))
Gp	$\forall t(t < ahora \rightarrow$ p(t))

Cabe destacar que antes de la aparición de la lógica temporal, este método de los argumentos temporales era la forma empleada para añadir información temporal a las expresiones lógicas.

La lógica temporal puede enriquecer las expresiones modales temporales añadiendo a los operadores temporales que ya conocemos, nuevos operadores: Dd (desde) y Hh (hasta). La idea detrás de estos operadores es muy sencilla:

Dd (p, q) simboliza que q siempre ha sucedido (hasta ahora, es decir, hasta el momento de emisión) por lo menos desde (un momento en el) que sucedió p.

Por ejemplo,

"Desde que conocí a Jesús, he dedicado mi vida a seguirle" se simbolizaría Dd(p, q), dónde p = conocer a Jesús y q = dedicar mi vida a seguir a Jesús.

Nótese que no importa si q continúa después del momento de emisión o si sucedió antes de p.
Sin embargo, sí es necesario que p haya sucedido alguna vez en el pasado. Hh (p, q) simboliza que q siempre sucederá (desde ahora, es decir, desde el momento de emisión) por lo menos hasta (un momento en el) que suceda p.

Por ejemplo,

"Me quedo hasta que toquen mi canción favorita" se simboliza Hh(p, q), donde p = la banda tocar mi canción favorita y q = quedarme. Nótese que no importa si q continúa después de p o si sucedió antes del momento de emisión.

Sin embargo, sí es necesario que p suceda eventualmente en el futuro.

Reglas de Interpretación: Dd (p, q) es verdadero en un mundo w si y solo si hay un mundo u anterior en el tiempo a w tal que p es verdadero en u y q es verdad en todo mundo entre u y w. Hh (p, q) es verdadero en un mundo w si y solo si hay un mundo u posterior en el tiempo a w tal que p es verdadero en u y q es verdad en todo mundo entre u y w.

La lógica proposicional no puede reflejar la veracidad de una formula según transcurra el tiempo, y su expresión resulta muy compleja, ejemplo

Siempre que llovió entonces ceso de llover, (T es el tiempo, entero positivo o real positivo)

$$(\forall t1 \in T)(\text{Llueve } (t1) \Rightarrow (\exists t2 \in T) [(t1 < t2) \land \neg (\text{llueve } (t2))],$$

O sea, en un t2 posterior a t1 ceso de llover,

Con los operadores de Prior se expresa como:

H (llueve $\Rightarrow$ (F ($\neg$llueve))

En Lógica de Primer Orden

Una fórmula como *llueve*(*x*) se puede haber diseñado con una lectura específica: 'en el instante *x*, llueve'. Con esta misma lectura, *nieva* (*y*) expresa otro predicado sobre un instante *y*.

Obviamente, se pueden construir Fórmulas más complejas:

Llueve(*x*) $\Rightarrow$ *nieva* (*y*) V *graniza* (*z*).

Para interpretar esta última fórmula bastaría escoger un universo (pongamos, docena y media de elementos) y señalar qué subconjuntos representan, respectivamente, a los instantes en que 'llueve', 'nieva' o 'graniza'.
Además, puesto que todas las variables son libres, debe asignarse 'quiénes son *x, y, z* en ese universo'.

En la formalización previa falta algo básico: los instantes no tienen ninguna estructura particular. Efectivamente, hay predicados y relaciones que ocurren sobre instantes, sin que éstos sirvan para precisar 'qué ocurre antes, entremedias o después'. Para dotar al conjunto de instantes de una estructura se introducen algunos predicados y relaciones que no tienen que ver con lo que acontece en cada momento (llover, granizar,...) sino con la relación de unos instantes con otros.

En particular, como mínimo, se fija una relación de precedencia *Antes*(*x,y*) entre instantes, además de la relación de igualdad *x = y*.

Usualmente, utilizaremos mejor la notación infija **x < y** para designar *Antes(x,y)*.

Así, una fórmula como:

(∀x) (∃y)(x < y) ∧ (*Llueve(x)* ⟹¬*Llueve (y)*)

Puede leerse como 'siempre que llueve, en algún instante posterior deja de llover, Observe que en esta fórmula se afirma que para todo instante existe otro posterior, y que, sobre esta estructura de tiempo sin final, 'no llueve indefinidamente'.

Cada análisis de un proceso metafísico temporal se puede expresar en lógica modal temporal, o de una experiencia física puede requerir un cierto modelo de tiempo. Sin entrar en la esencia del Tiempo, sí que resulta útil poder definir una estructura temporal al gusto, sobre como ocurren los fenómenos. Esto se consigue añadiendo ciertos axiomas al sistema lógico personal que define si el tiempo es o no reflexivo, o transitivo, o discreto, ilimitado, lineal... Algunos de estos axiomas son:

1. $(\forall x) (x < x)$ Irreflexivo
2. $(\forall x) (\forall y) (\forall z) (x < y \land y < z \Rightarrow x < z)$ Transitivo
3. $(\forall x) (\forall y) [(x = y) \lor (x < y) \lor (y < x)]$ tiempo lineal o total
4. $(\forall x) (\forall y)(x < y \Rightarrow (\exists z)(x < z \land z < y)$ Denso
5. $(\forall x) (\exists y)(x < y)$ Sin final
6. $(\forall x) (\exists y) [x < y \land (\forall z)(x < z \Rightarrow (y = z \lor y < z))]$
   Todo elemento tiene un sucesor inmediato
7. $(\forall x) (\exists y) [x < y \Rightarrow (\forall z)(x < z \Rightarrow (y = z \lor y < z))]$ Todo elemento que tiene sucesor tiene un sucesor inmediato.

Finalmente, resulta útil contar con el predicado **Ahora(x)** que fija el momento presente. Entonces se pueden formalizar expresiones como:

$A(x) \Rightarrow (\exists y)(x < y \land \varphi(y))$ En algún instante y en el futuro se verificará ..

$A(x) \Rightarrow (y < x \land \varphi(y))$ En todo instante y pasado se ha verificado

$A(x) \Rightarrow (\exists y)(x < y \land (\forall z)(y < x \Rightarrow \varphi(y)))$, a partir de un cierto instante futuro, siempre se verificará que ...

Capítulo 14

El argumento cosmológico de Aquino se puede resumir así:

1. Las cosas pueden existir o bien no existir (entes contingentes)
2. Lo que puede no existir alguna vez no existió.
3. Las cosas en algún momento no existieron.
4. Pero si 3 es cierto, entonces ahora no existiría nada.
5. Pero 4 es falso.
6. Las cosas que existen, existen por necesidad de otras cosas que ya existen (seres necesarios).
7. No se puede retroceder indefinidamente en la cadena de necesidades.
8. Por lo tanto existe un ser absolutamente necesario que es el origen de la existencia de todas las cosas.
9. Ese ser es Dios.

Ahora escribamos estas nueve declaraciones de su argumento en lógica modal…
Evidentemente Aquino razona con la existencia y el tiempo, por lo cual la lógica debe ser temporal,

Siguiendo a Gödel tenemos que definir la existencia como una propiedad intrínseca al ente o objeto,

Pr(EX), EX significa tener existencia

Pero más aun para complicar el asunto, esa propiedad de existencia es tratada como la esencia de un objeto u ente:

Ahora la trama se complica con la definición de la esencia de algo, ente, objeto, esta no es una definición fácil, pero apoyándonos en Gödel tenemos:

Esta definición se puede leer de la siguiente manera: Decir que la propiedad Pr es la esencia de una cosa x, es decir:

1. x tiene la propiedad Pr

2. para todas las demás propiedades ψ que x pueda tener, deben estar necesariamente implicadas por Pr, lo que significa que cualquier objeto

que tenga propiedad Pr también debe tener propiedad ψ, en todos los mundos posibles.

Así que una esencia E de una cosa es una propiedad que implica todas las demás propiedades.

Definamos entonces la existencia como: Pr (EX(x)) $\Rightarrow$ EX(x) es esencia de x, La existencia se expresara como Pr(EX(x))

1. Las cosas pueden existir o bien no existir (entes contingentes), expresado en lógica proposicional modal...

$$(\forall x) \lozenge Pr(EX(x)) \vee (\forall x) (\neg \lozenge Pr(EX(x))$$

2. Lo que puede no existir entonces alguna vez no existió.,

En esta oración, ahora sí, evidentemente la existencia está vinculada al tiempo, pero al decir (no puede) hay la posibilidad que Aquino piense en entes en potencia, esperando que su ser de provenga de otro ente, o tal vez Aquino piensa en entes en potencia, esperando que su ser provenga de otro ente, o tal vez Aquino solo piense en la posibilidad de no existir, seguiremos esta última instancia, sino tendríamos que definir seres en potencia.
Entonces redactemos la frase 2 así:

Lo que posiblemente no existe entonces alguna vez no existió.

$$(\forall x)(\lozenge \neg PrEX(x))$$

$$\Rightarrow \square [((\exists t2 \in T) \wedge (\exists t1 \in T) (0 < t2 < t1) (\neg Pr(EX(x)(t2))]$$

El consecuente, indica que en un tiempo pasado t2, antes de t1, x no existió, o también a partir de t2 el ente adquirió existencia.

Usando el operador P de Prior, expresamos lo anterior como:

$$(\forall x)(\lozenge \neg Pr(EX(x)) \Rightarrow P(\neg Pr(EX(x)))$$

3. Las cosas en algún momento no existieron.

En esta frase, ahora evidentemente la existencia está vinculada al tiempo, se acepta la existencia del tiempo y se acepta la no existencia de las cosas, pero al decir (no puede) hay la posibilidad que Aquino piense en entes en potencia, esperando que su ser de provenga de otro ente, o tal vez Aquino solo piense en la posibilidad de no existir, seguiremos esta última instancia, sino tendríamos que definir seres en potencia cual la entiende Aquino.

Entonces redactemos la frase 3 así:

Todo lo que existe entonces alguna vez no existió.

$(\forall x)(Pr(EX(x)) \Rightarrow \Box(\forall x)(((\exists t2 \in T)(0<t2<t1 \in T)(\neg Pr(EX(x)(t2))$

El consecuente, indica que en un tiempo pasado t2, x no existió, o también partir en el tiempo adquirió existencia.

Usando P de Prior,

$(\forall x)(Pr(EX(x)) \Rightarrow \Box(\forall x)P((\neg Pr(EX(x)))$

4. Pero si 3 es cierto, entonces ahora no existiría nada

$[(\forall x)(P(EX(x)) \Rightarrow \Box(\forall x)(((\exists t2 \in T)(0<t2<t1 \in T)(\neg P(EX(x)(t2))] \Rightarrow$
$\Box(\forall x)(((\exists t2 \in T)(0<t2<t1 \in T)(\neg P(EX(x)(t1))]$

Usando P de Prior,

$[(\forall x)(Pr(EX(x)) \Rightarrow \Box(\forall x)P((\neg Pr(EX(x)))$
$\Rightarrow \Box(\forall x)] \Rightarrow (\forall x)P((\neg Pr(EX(x))$

5. Pero 4 es falso. , basta negar la anterior. $\neg(4)$

6. Las cosas que existen, existen por necesidad de otras cosas que ya existen (seres necesarios). (realmente esto parece un axioma, una forma de expresar veladamente un principio de causalidad)

$(\forall x)(Pr(EX(x)) \Rightarrow \Box Pr(EX(y) \text{¿???=??}$

7. No se puede retroceder indefinidamente en la cadena de necesidades ¿????

Alegremente, introduce Aquino un principio o axioma 6, que tiene la apariencia de ser expresión de algo relacionado con lógica temporal, aparentemente una sucesión de eventos uno posterior a otro en el tiempo, pero lo que no piensa Aquino es que los eventos no necesitan ser sucesiones de eventos temporales, es posible que haya una dependencia de causalidad sin que exista el tiempo.

Lean, escuchen lo que enuncio, existen eventos, entes, que son causa de otros eventos sin que estén regulados por el tiempo.

Por ahora sigamos la corriente a Aquino, y veamos como logramos expresar el axioma 6 de Aquino.

    a. Por lo tanto existe un ser absolutamente necesario que es el origen de la existencia de todas las cosas.

8. Ese ser es Dios.

CAPÍTULO 15

Principio de Causalidad Cosmológico o Lógico.

Evidentemente, tratamos de expresar un principio por medio de una lógica., pero también es evidente que necesitamos justificar las relaciones que hacen que algunos entes den origen o el ser a otros entes, entre entes u objetos en el universo, a esta relación que abarca todos los entes existentes en el universo la llamaríamos argumento cosmológico.

A la interacción entre un ente que origina otro lo llamamos causalidad, decimos que un ente causa a otro ente.

¿Pero Que creo Dios?

Lo mejor de todos los mundos posibles, en la filosofía del primer filósofo moderno Gottfried Wilhelm Leibniz (1646-1716), la tesis de que el mundo existente es el mejor mundo que Dios podría haber creado.

El argumento de Leibniz a favor de la doctrina del mejor de los mundos posibles, ahora comúnmente llamado optimismo leibniziano, se presenta en su forma más completa en su obra Théodicée (1710; Theodicy), obra en la cual se dedicó a defender la justicia de Dios (ver teodicea). Por lo tanto, el argumento constituye la solución de Leibniz al problema del mal, o la aparente contradicción entre la suposición de que Dios es omnipotente, omnisciente y omnibenevolente (perfectamente bueno) y el hecho evidente del mal (incluido el pecado y el sufrimiento inmerecido) en el mundo. En resumen, el argumento procede de la siguiente manera:

1. Dios es omnipotente, omnisciente y omniBenevolente;

2. Dios creó el mundo existente;

3. Dios podría haber creado un mundo diferente o ninguno (es decir, hay otros mundos posibles);

4. Debido a que Dios es omnipotente y omnisciente, sabía qué mundo posible era el mejor y fue capaz de crearlo y, debido a que es omni benevolente, decidió crear ese mundo;

5. Por lo tanto, el mundo existente, el que Dios creó, es el mejor de todos los mundos posibles.

Contra la afirmación de que, debido a que el número de mundos posibles es infinito, no hay un solo mundo posible que sea el mejor (para un buen mundo dado, siempre habrá otro mundo que sea mejor), Leibniz argumentó que, si no hubiera un mejor posible mundo, entonces Dios no habría tenido una razón suficiente para crear un mundo en lugar de otro, por lo que no habría creado ningún mundo en absoluto. Pero sí creó un mundo, el existente, que por lo tanto debe ser el mejor posible.

Contra la afirmación de que el mundo existente no es el mejor de todos los mundos posibles porque es fácil imaginar un mundo que tenga menos maldad, Leibniz argumentó que es cuestionable si un mundo con menos maldad es realmente imaginable. Debido a la interconexión de los eventos, podría ser que cualquier mundo que no contenga el mal del mundo existente necesariamente contendría otras formas mayores de maldad. Además, podría ser que el mundo existente, a pesar del evidente mal que hay en él, sea en realidad el mejor posible según un estándar divino de bondad que difiere de las concepciones ordinarias de esa noción.

Capítulo 16

Lenguaje modal.

Usamos un lenguaje proposicional clásico para trabajar. El lenguaje modal básico se funda sobre un conjunto numerable P de proposiciones usualmente denotadas con las letras p, q, r,... Expresiones complejas se forman sintácticamente del modo inductivo usual, usando (posiblemente) el operador $\perp$ (la constante *falsa*), el operador binario ∨ (disyunción), y el operador unario ⌐ (negación). Como el comportamiento proposicional de esta lógica es clásico, asumimos que T (la constante *verdadera*), ∧ (conjunción), y → (condicional) se definen del modo esperado a partir de los símbolos ya provistos. A este lenguaje proposicional básico le Si definimos el operador "□" como "es necesario que", y al operador "◊"como la expresión "es posible que", o, Si definimos el operador "□" como "es necesariamente verdad que", y al operador "◊"como la expresión "es posiblemente verdad que", en la notación polaca L = □, y M= ◊

Ejemplos de expresiones modales:

p → q, si nos haces falta entonces te llamamos

p →◊q, si nos haces falta entonces es posible que te llamemos

p → □q, si queremos aprender entonces es necesario que estudiemos.

Algunos otros símbolos modales son, por citar algunos, O, F y P (por "obligatorio", "prohibido" y "está permitido") en la lógica deóntica, *F* y *P* (por "en el futuro sucederá que" y "en el pasado sucedió que") en la lógica temporal, K (por "el agente sabe que") en la lógica epistémica, <p> y [p] (por "alguna ejecución finita del programa p" y "toda ejecución finita del programa p") en la lógica dinámica.

Ejemplos de expresiones de distintas lógicas modales:
F (p) prohibido pisar el césped *lógica deóntica*
P (p) en el pasado pisé el césped *lógica temporal*
<p>q alguna ejecución de p arroja información q *lógica dinámica*

Definición 1

Lógica modal. Una lógica modal **L** es un conjunto de fórmulas bien formadas que contiene todas las tautologías proposicionales, es cerrado -está *clausurado*- bajo *modus ponens* (esto es, si las fórmulas p y p → q pertenecen a **L**, entonces la fórmula q también), y es cerrado bajo sustitución uniforme (si una fórmula A pertenece a L entonces todas sus instancias de sustituciones también). Si una fórmula A pertenece a **L** decimos que A es *teorema* de **L**. Si **L1** y **L2** son dos lógicas modales y L1 ⊆ L2 (incluida) decimos que L2 es una *extensión* de L1.

Definición 2

Lógica modal normal. Una lógica modal L es *normal* si contiene las Fórmulas

$\square$ (p → q) → ($\square$ p → $\square$q), y ¬ $\square$¬p = $\lozenge$ p, y es cerrada bajo Generalización (esto es, si una fórmula A pertenece a L, entonces $\square$A también). El primer análisis modal que se hará de Tomas de Aquino exhibe que utiliza una lógica K (Kripke normal) en su Cuestión 44 art. 1. De la Prima Pars.

Saul Kripke se inspiro en el planteo de Leibniz, quien presumió que lo verdadero es lo que ocurre necesariamente cuando su negación implica una contradicción, y que hay tantos mundos posibles como cosas puedan concebirse sin contradicción.

Principio de normalidad: si necesariamente una premisa implica una conclusión, entonces la necesidad de la premisa implica la necesidad de la conclusión, simbólicamente, es válida (es decir, Verdadera en todos los mundos) la formula (llamado el axioma K):

$\square$ (p → q) → ($\square$ p → $\square$q)

Ello equivale a decir que la clase de mundos que es normal no contiene mundos 'imposibles'. En las clases de mundos no normales puede haber mundos imposibles (donde, por ejemplo, hay círculos cuadrados, seres humanos que están´ vivos y muertos al mismo tiempo, etc.)

La lógica modal proposicional permite especificar mundos, pero es insuficiente si queremos entrar en la estructura de los mundos.

En general, un **mundo Posible** puede estar integrado por:

1. Entidades particulares: objetos (en sentido amplio), tales como cosas, personas, incluso eventos, acontecimientos, entes abstractos...
2. Universales: rasgos, atributos, propiedades, cualidades, etc. Se agrupan en: Universales: rasgos, atributos, propiedades, cualidades, etc. Se agrupan en:

   1. Monádicos ´: propiedades sencillas (por ejemplo: "ser humano", "caminar", "ser de color verde", etc.)

   2. Poliádicos: relaciones (por ejemplo: "ser mayor que", "odiar", "estar entre", etc.). Poliádicos: relaciones (por ejemplo: "ser mayor que", "odiar", "estar entre", etc.).

Se conciben los mundos según como estén 'amueblados': Los particulares del mundo real pueden estar en cada mundo, con distintas propiedades o relaciones. En el mundo real, Cesar vence a Pompeyo y es asesinado por Bruto; en un mundo (ficticio) distinto, tal vez Pompeyo vence a Cesar y ´ este es salvado por Bruto.

En un mundo solo existen 6 planetas, en otro mundo el sol gira alrededor de la tierra, en otro mundo existen 9 planetas…

Cuando se habla de semántica se habla de satisfacibilidad de ciertos criterios, la semántica actualmente dominando el mercado modal es la semántica de mundos posibles de Saul Kripke.

Se han establecido sistemas de lógica modal normal, con semántica de mundos posibles, que captan los principios interesantes que se mencionaron. Se nombran con letras: una lógica modal normal es denominada:

4. T (o KT), si y solo si capta ´ "lo necesario es el caso"; por lo tanto, la relación entre los mundos es reflexiva
5. S4 (o KT4), si y solo si capta "lo necesario necesariamente es necesario"; por lo tanto, la relación es reflexiva y transitiva.
6. S5 (o KTB4), si y solo si capta "lo posible, necesariamente es posible"; la relación es reflexiva, simétrica ´ y transitiva (relación de equivalencia).

La relación entre mundos es denominada ´ "relación de accesibilidad": un mundo puede ser o no accesible desde si mismo, desde otro, hacia otro, etc. Al decir "□p es V en el mundo m" se entiende que:

4. En T, p es V en los mundos accesibles desde m –que son los mundos posibles desde el punto de vista de m– (solo está garantizado que m está relacionado consigo mismo).
5. En S4, p es V en los mundos accesibles desde m y en los accesibles desde los accesibles en el 'paso' anterior, etc.
6. En S5, p es V en los mundos accesibles desde m, en los accesibles desde los accesibles, etc., y en aquellos desde ´ los que es accesible m, etc. –en algún sentido se elimina ´ en este caso la complicación de los 'puntos de vista'–.

Un mundo posible se especifica (o caracteriza) mediante proposiciones. Sean tres proposiciones verdaderas del mundo real: "Hay perros" (p), "Hay flores" (q) y "No existen unicornios" (¬r). Existen otros mundos posibles, veámoslos:

Mundo	Proposiciones	Valores
1 (actual real)	p, q, ¬r	V,V,V
2	p, q, r	V,V,F
3	p, ¬q, r	V, F, F
4	¬p, q, r	F, V,F
5	¬p, ¬q, r	F,F,F
6	¬p, q, ¬r	F, V,V
7	p, ¬q, ¬r	V, F,V
8	¬p, ¬q, ¬r	F,F,V

Veamos el siguiente ejemplo de mundos posibles
Usando la semántica de Kripke, como aplicación, se construye un modelo de Kripke donde la relación de accesibilidad se entiende como una relación entre pares de alternativas científicas que explican un mismo fenómeno.

Ejemplo Geocentrismo vs Heliocentrismo.

En particular, se consideran en el modelo las teorías alternativas: el geocentrismo de Aristóteles-Ptolomeo, el geocentrismo de Tycho Brahe y el heliocentrismo de Copérnico, Galileo y Kepler.

Definición, Fi es la teoría física i .

1. $\Box Fi(X)$ es una abreviatura de "El evento X es *físicamente necesario*". $\Box Fi(X) \leftrightarrow \Box (Fi \rightarrow X)$

2 $\Diamond$Fi(X) es una abreviatura de "El evento X es *físicamente posible*".

$\Diamond$Fi(X) $\leftrightarrow$ $\Diamond$ (Fi $\wedge$ X)

La definición 1) caracteriza al operador modal de necesidad física; dice que una afirmación sobre un evento es físicamente necesaria, si es una consecuencia lógica de las teorías físicas vigentes i. La definición 2) dice que la afirmación sobre un evento es físicamente posible, si no contradice a las teorías físicas vigentes i.

La definición dual entre los operadores de necesidad y posibilidad es:

i.   La afirmación de un evento es físicamente necesaria si, y sólo si, es imposible físicamente que sea falsa.

$\Box$Fi(X) $\leftrightarrow$ $\sim$$\Diamond$Fi($\sim$X)

La afirmación de un evento es físicamente posible si, y sólo si, es innecesario físicamente que sea falsa.

ii. $\Diamond$Fi(X) $\leftrightarrow$ $\sim$$\Box$Fi($\sim$X)

Veamos un ejemplo sobre un modelo de las nociones modales antes definidas. Consideremos tres teorías astronómicas que consideraban sin era la tierra o el sol que giraban uno alrededor del otro, los mundos son las teorías físicas que compiten por la verdad.

F1: Geocentrismo de Aristóteles-Ptolomeo:
"Los planetas y el Sol giran en torno a la Tierra inmóvil".

F2: Geocentrismo de Tycho Brahe:
"El Sol gira alrededor de la Tierra inmóvil y los planetas en torno al Sol".

F3: Heliocentrismo de Copérnico-Galileo-Kepler:
"Los planetas y la Tierra giran en torno al Sol inmóvil"

Se supone que cada Fn es verdadera en cada mundo Mm donde n = m. Esto sencillamente quiere decir que en cada mundo se tiene acceso al contenido de las teorías físicas vigentes.

Se supone que cada Fn es verdadera en cada mundo Mm donde n = m. Esto sencillamente quiere decir que en cada mundo se tiene acceso al contenido de las teorías físicas vigentes. Es evidente que en el mundo de Aristóteles y Ptolomeo se tiene acceso a la teoría astronómica por ellos propuesta, haciendo que la relación de accesibilidad entre mundos sea, en principio, reflexiva. Imposible, ni Aristóteles, ni Ptolomeo tuvieron acceso a las propuestas astronómicas de Thycho Brahe y Copérnico quienes proponen unas teorías alternativas a la teoría aristotélica-ptolemaica, por tanto la relación de accesibilidad del conocimiento no es ser simétrica. No obstante, Thycho Brahe, Galileo y Kepler, están en un mundo futuro, y tenían acceso a las propuestas de unos y otros. Esto sugiere la siguiente relación de accesibilidad:

R = {(M1, M1), (M2, M2), (M3, M3), (M2, M1), (M2, M3), (M3, M1), (M3, M2)}

Evaluemos las afirmaciones de hecho que caracterizan cada propuesta con respecto a los mundos posibles de las restantes

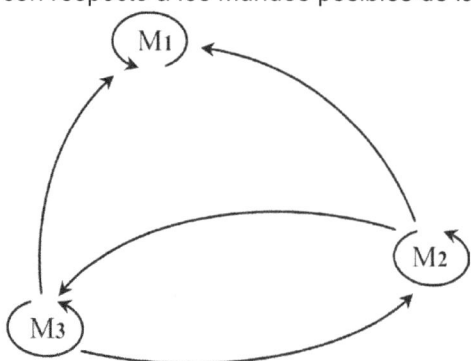

M1	M2	M3
F1	~F1	~F1
~F2	F2	~F2
~F3	~F3	F3
◇F1	◇F1	◇F1
~◇F2	◇F2	◇F2
~◇F3	◇F3	◇F3
□F1	~□F1	~□F1
~□F2	~□F2	~□F2
~□F3	~□F3	~□F3

Cuando no existen otras explicaciones, como en el caso del mundo aristotélico-ptolemaico, la necesidad de las teorías físicas descansa en la ausencia de teorías alternativas a las cuales acceder. Alguna vez el geocentrismo fue necesario. Las teorías posteriores, en los mundos M2 y M3, nacen de los obstáculos presentes en la teoría griega; las contribuciones de Galileo al estudio del movimiento dependieron estrechamente de las dificultades descubiertas en la teoría aristotélica por los críticos escolásticos.

El acceso a las teorías previas, a los distintos mundos posibles, permite que Galileo pudiera explicar "por qué Aristóteles había visto lo que vio". Cuando existen teorías rivales, los casos expresados en los mundos M2 y M3, el antagonismo se produce porque ambas teorías abarcan el mismo campo de posibilidades.

La práctica de la ciencia normal depende de la capacidad adquirida a partir de ejemplares, de agrupar objetos y situaciones en conjunto similares que son primitivos, en el sentido en que el agrupamiento se hace sin contestar a la pregunta: ¿Similar a qué? Un aspecto central de toda evolución científica es, entonces, que cambian algunas relaciones de similitud. Objetos que fueron agrupados en el mismo conjunto con anterioridad se agrupan de diferentes maneras después y viceversa. Piénsese en el Sol, la Luna, Marte y la Tierra antes de Copérnico.

Consideremos el caso de los astros celestes. De antaño se considera que es planeta aquello que modifica sus posiciones con respecto a las estrellas fijas. Es propio de un planeta ser un "cuerpo errante", un "vagabundo estelar" que gira en torno a algo. Bajo este criterio, para F1 la extensión del predicado "planeta" es el conjunto:
Planeta (F1) = {Mercurio, Venus, Marte, Júpiter, Saturno}

Y, bajo el mismo criterio, para F2 y F3:
Planeta (F2) = Planeta (F3) = {Tierra, Mercurio, Venus, Marte, Júpiter, Saturno}.

Es evidente que la extensión del predicado no es la misma en algunos pares de mundos posibles y que algún par de ellos comparten la extensión. Ciertamente podríamos compartir que el geocentrismo es inconmensurable con el heliocentrismo; no obstante, de tal inconmensurabilidad no se sigue que tales teorías no puedan ser comparadas. Y en esto consiste la similitud de los ejemplares de teorías distintas: ellas tienen en común parte de la extensión de la referencia de sus predicados y, en este preciso sentido, no son traducibles unas en términos de las otras. La extensión de los predicados varía según los mundos posibles y en esto consistiría la inconmensurabilidad referencial. La lógica modal sería un excelente instrumento para el estudio de una cronología de los conceptos. Sustentemos esta afirmación examinando las distintas extensiones del predicado "planeta" según algunas propuestas históricas que recogen las anteriores:

Planeta (F1) = {Mercurio, Venus, Marte, Júpiter, Saturno}
    M1: Aristóteles -Ptolomeo
Planeta (F2) = {Tierra, Mercurio, Venus, Marte, Júpiter, Saturno}
    M2: Tycho Brahe
Planeta (F3) = {Tierra, Mercurio, Venus, Marte, Júpiter, Saturno}
    M3: Copérnico-Galileo
Planeta (F4) = {Tierra, Mercurio, Venus, Marte, Júpiter, Saturno, Urano}

M4: Willian Herschel

Planeta (F5) = {Tierra, Mercurio, Venus, Marte, Júpiter, Saturno, Urano, Neptuno}

M5: John Couch Adams – Leverrier

Planeta (F6) = {Tierra, Mercurio, Venus, Marte, Júpiter, Saturno, Urano, Neptuno, Plutón}

M6: Clude Tombaugh

Planeta (F7) = {Tierra, Mercurio, Venus, Marte, Júpiter, Saturno, Urano, Neptuno}

M7: Actualidad

Una teoría accede a otra, si la extensión de Fi está incluida en la de Fj:

R = {(M1, M1), (M2, M1), (M2, M2), (M2, M3), (M3, M1), (M3, M2), (M3, M3), (M4, M1), (M4, M2), (M4, M3), (M4, M4), (M5, M1), (M5, M2), (M5, M3), (M5, M4), (M5, M5), (M6, M1), (M6, M2), (M6, M3), (M6, M4), (M6, M5), (M6, M6), (M7, M1), (M7, M2), (M7, M3), (M7,M4), (M7, M5), (M7, M7)}

Las oraciones que caracterizan cada teoría se obtienen de la forma proposicional "Un planeta es el conjunto formado por X" donde X es la respectiva extensión en cada teoría específica. Las relaciones entre las anteriores siete teorías queda clara en el siguiente grafo de R:

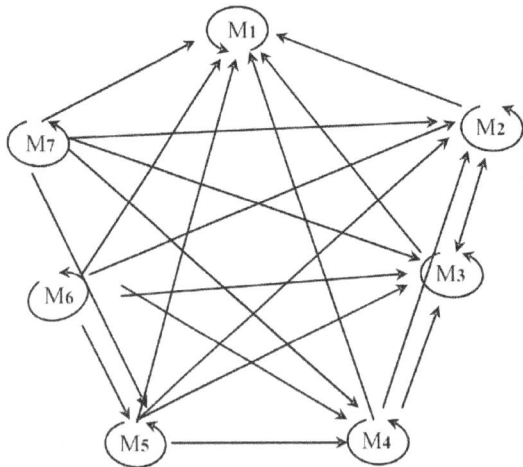

Definición 3

Sistema formal K de la lógica modal.

Lenguaje *L*

Axiomas

Todas las instancias de tautologías proposicionales.

(Axioma K) □ (p → q) → (□ p → □q)

(Dual) y ⌐ □⌐p = ◇ p

Regla de inferencia

Modus ponens: a partir de p y de p → q deduce q.
Sustitución uniforme: a partir de una fórmula *A* conseguimos una fórmula *B* sustituyendo
Uniformemente letras proposicionales en *A* por fórmulas arbitrarias.

Generalización: si tenemos p obtenemos □p.

Usualmente hablamos de lógica de primer orden

$\forall x.(madruga(x) \rightarrow \exists y.(Dios(y) \wedge ayuda(y, x)))$

Aunque también sabemos que existe la lógica proposicional:

Luz. Verde $\longrightarrow$ *¬cruzar La Calle*

Veamos otro ejemplo con diferentes modelos M1, M2, usando lógica de primer orden (con cuantificadores.

Lógica de Primer Orden

La noción de verdad en Lógica de Primer Orden tiene que ver
con sentencias, es decir, fórmulas sin variables libres.
en una sentencia ϕ cualquiera, y un modelo *M*, con mundos 6 Wi,
L a sentencia va a ser verdadera o falsa en todo el modelo. No vamos
a poder hablar de una parte del modelo en particular, M |=*satisface* ϕ

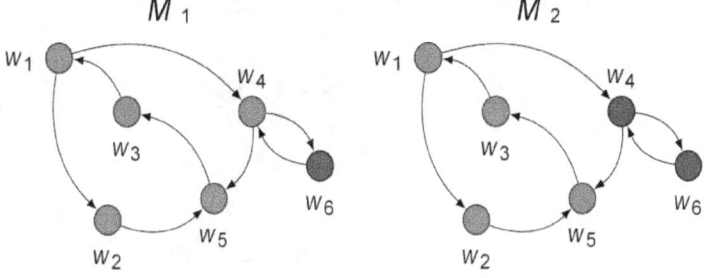

$M1 \models \forall x.(rojo(x) \rightarrow (\exists y.xRy \wedge rojo(y)))$
$M2 \models/(no\ satisface)\ \forall x.(rojo(x) \rightarrow (\exists y.xRy \wedge rojo(y)))$

Lógica de Primer Orden

ı Esto significa que la extensión de una sentencia ϕ de LPO es o bien vacío o bien todo el dominio.

ı ¿Cómo podemos hacer para hablar de partes del modelo?

ı Podemos usar fórmulas con variables libres:

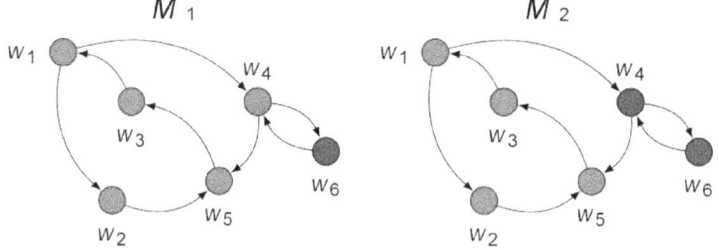

ı $sRojo(x) = rojo(x) \rightarrow (\exists y.xRy \wedge rojo(y))$

ı $[sRojo(x)]^{M1} = [rojo(x) \rightarrow (\exists y.xRy \wedge rojo(y))] \quad M1 = \{w_1, \ldots, w_6\}$

ı $[sRojo(x)]^{M} = [rojo(x) \rightarrow (\exists y.xRy \wedge rojo(y))] \quad M2 = \{w_2, \ldots, w_6\}$

Perspectiva interna

ı De alguna manera, lo que estamos buscando es intentar expresar una noción de perspectiva interna, en donde queremos ver las propiedades de un elemento del modelo con respecto al resto.

ı Con eso en mente, vamos a dejar por un momento LPO, y vamos a trabajar con un lenguaje especialmente diseñado para eso.

ı Vamos a usar un lenguaje modal

ı Ahora, si queremos expresar la idea anterior, podemos decir:

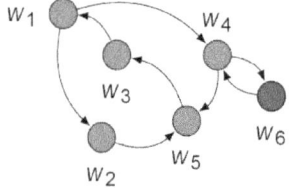

$$M, w1 \models red \rightarrow \Diamond\, red$$

más fácil de escribir así, ¿no?

Tomas de Aquino expresa sus pensamientos de manera variada usando expresiones modales que usualmente se dan en pares duales ("necesario" / "posible"), ("siempre" / "alguna vez"): "necesario" equivale a "no es posible que no", "siempre" equivale a "no es el caso que alguna vez no".... las cuales podemos clasificar como:

Modalidades aleticas usa los términos: necesario, posible, imposible, contingente.

Modalidades temporales usa los términos: siempre, nunca, siempre en el pasado, siempre en el futuro, en algún momento futuro, en algún momento pasado, a partir de ahora, etc.

Modalidades deónticas usa: es obligatorio, está permitido, está prohibido, es legal,…

Modalidades doxastíscas usa: cree que, se cree que. Modalidades epistémicas: sabe que, se sabe que, todos saben que,…

Modalidades epistémicas usa: sabe que, se sabe que, todos saben que,…

El inicio de la lógica modal se puede retroceder al análisis hecho por de Aristóteles de los enunciados que contienen los términos "necesario" y "posible".

La lógica tradicional distingue entre proposiciones asertóricas que aseveran que algo es o no es, y proposiciones cum modo divididas en apodícticas y problemáticas, las apodícticas aseveran que algo es necesario o imposible, y las problemáticas aseveran que algo es posible.

La lógica modal estudia las propiedades formales de las nociones de posibilidad y posibilidad., y las nociones de imposibilidad y contingencia. A estas nociones se les denominan modalidades aleticas, son los modos en los cuales una proposición puede ser verdadera.

Utilizaremos la notación polaca por ahora, la letra **L** significara es necesario que, y **M** significara es posible que. L y M se consideraran desde ahora en operadores lógicos. Iniciamos con la regla, si A es una formula entonces LA y MA son formulas.

Aristóteles proviene que la negación de «es posible que sea» no es «es posible que no sea», porque ocurre que dos proposiciones Mp y M¬p (¬ es el operador negación) posibles simultáneamente, ambas no son contradictorias.

La contradictoria de Mp no se obtiene negando a p sino el modo M, entonces ahora sí, Mp y ¬Mp son contradictorias. Aristóteles también se percata que lo necesario implica lo posible:

1   **Lp⟶ Mp**

Aristóteles acepta el principio de lo que es posible que sea también es posible que no sea

2 **Mp ⟶M¬p**,

y si aplicamos transitividad a 1 y 2 entonces lo que es necesario que sea L, entonces es posible que no sea:

3 **Lp ⟶M¬p**

Para solucionar esta divergencia Aristóteles entiende dos sentidos de ⌞ posibilidad ⌟ en De Interpretarione, formulando la solución en Primeros Analíticos, la

⌞ Posibilidad ⌟ propia en el sentido de (1) **Lp⟶ Mp** pero no (2).

Y la Contingencia en el sentido de (2) **Mp ⟶M¬p**, pero no de (1), aso que en este sentido ⌞ Posibible ⌟ **=** ⌞ no necesario ni imposible ⌟

Si introducimos el operador «**I =** es imposible que», y el operador «Q **=** es contingente que»,, entonces podemos definir:

(4) **Mp ↔¬Ip**

(5) **Qp ↔ ¬Lp ∧ ¬Ip**

Ahora cambiemos el operador de (2) por «Es contingente que», entonces tenemos la formula

(6) **Qp ⟶Q¬p.**

Los operadores de contingencia y probabilidad son prescindibles, pidiéndose sustituir por los operadores de necesidad y posibilidad, **I**p es una definición de ¬Mp, y Qp como definición de **¬Lp ∧ Mp.**,

Pero L y M son interdefinibles así:

(7) **Lp ↔ ¬M¬p,**

Y entre es posible que y no es necesario que no:

(8) **Mp ↔ ¬L¬p**

Los sistemas que toman al operador M como primitivo definiendo a L en base a M como en (7) se denominan M Basados. Los sistemas que toman a L como operador primitivo definiendo a M como en (8) se denominan L basados.

Nótese que (7) y (8) son las modalidades de las equivalencias cuantificadas:

$$\forall x\varphi(x) = \sim\exists x\sim\varphi(x)$$

∃(x)=~∀x ~φ(x),

El paralelismo entre cuantificadores y operadores modales   aparece en las leyes ab oportere ad ese valet consequentia

(9) **Lp → p,** y

Ab ese ad posse valet consecuentia

(10) **p → Mp,** los cuales paralelamente son las expresiones modales de las leyes cuantificacionales de instanciación o particularización universal

$$\forall xPx \rightarrow Pa$$

Y generalización existencial

$$Pa \rightarrow \exists xPx$$

Capítulo 17

Lógica Modal Aristotélica.

La lógica modal es una parte menos conocida de la obra lógica de Aristóteles, probablemente porque sus comentaristas dedicaron un mayor esfuerzo a describir los mecanismos de la silogística asertórica. El siguiente es el cuadro de oposiciones modales que propone Aristóteles.

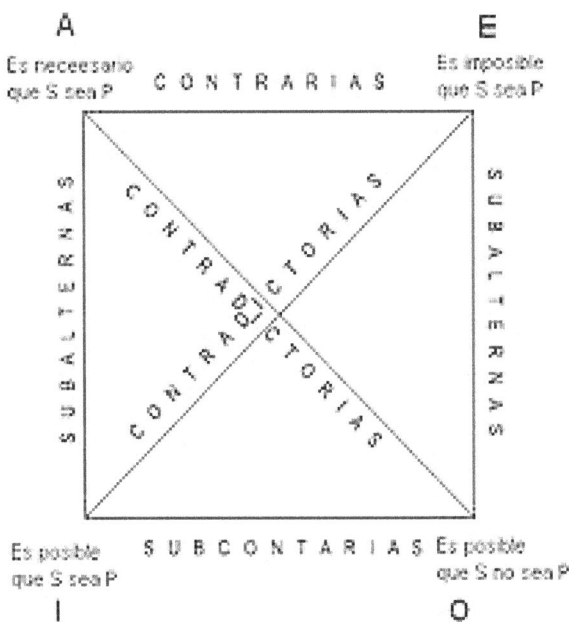

Los lógicos medievales continuaron el análisis de estos términos pero estudiaron también otras modalidades como por ejemplo las epistémicas. La lógica modal moderna (1918) se ocupó en sus comienzos de las modalidades "necesaria" y "posible" tratadas por Aristóteles, pero pronto se ocupó de otras modalidades. Hoy en día lo que se conoce, en sentido amplio, como lógica modal trata de una variedad de modalidades que incluye, además de las tradicionalmente consideradas, otras modalidades que han surgido en las ciencias de la computación y en el estudio de los fundamentos de las matemáticas.

Brevemente podemos decir que una modalidad es una expresión que aplicada a una oración S proporciona una nueva oración sobre el modo en que S es verdadera o sobre el modo en que es aceptada. Por ejemplo, sobre cuando es verdadera, donde es verdadera, como es verdadera, en qué circunstancias es verdadera; o sobre el modo en que un sujeto o colectividad la acepta, por ejemplo, como conocida, creída, demostrada, etc.

Las modalidades usualmente se dan en pares de modalidades duales ("necesario" / "posible", "siempre" / "alguna vez"): "necesario" equivale a "no es posible que no", "siempre" equivale a "no es el caso que alguna vez no".

El estudio de la modalidad puede ser enfocado desde diferentes perspectivas: una perspectiva lógica y una perspectiva metafísica. En este sentido, la lógica puede sernos útil para comenzar nuestro estudio. Así lo hemos entendido. Sin embargo, nuestro tema tiene que transitar de la lógica a la ontología. La cuestión de la modalidad en la ontología viene, como apuntaremos, de la filosofía antigua y medieval.

En La clarificación lógico formal de las categorías modales un primer acercamiento a las categorías modales proviene del análisis que la lógica modal ha dado de estos términos y que puede entenderse como una preparación o propedéutica al análisis modal ontológico. En la lógica actual se nombran a la necesidad, a la posibilidad, a la contingencia y a la imposibilidad como las categorías modales.

Para la lógica medieval las proposiciones podían tener diferentes modos y en función de estos modos podían ser verdaderas o falsas:

1. proposiciones contingentes, del tipo "José Antonio y Salvador escriben en Navidad temas de filosofía";

2. proposiciones necesarias del tipo "José Antonio y Salvador les gusta o no les gusta la Navidad";

3. proposiciones posibles, del tipo "José Antonio y Salvador disfrutan en Navidades de unos maravillosos días en las Islas Galápagos";

4. y proposiciones imposibles del tipo "José Antonio y Salvador son ángeles". Todas estas proposiciones son verdaderas pero una es una verdad de modo contingente, otra de modo necesario, otra de modo posible y la última es verdadera, en principio, también de modo necesario.

Un listado de modalidades.

Modalidades aleticas: necesario, posible, imposible

Modalidades temporales: siempre, nunca, siempre en el pasado, siempre en el futuro, en algún momento futuro, en algún momento pasado, a partir de ahora, etc.

Modalidades deónticas: es obligatorio, está permitido, está prohibido, es legal, etc.

Modalidades doxastíscas: cree que, se cree que. Modalidades epistémicas: sabe que, se sabe que, todos saben que, etc.

Modalidades de la lógica dinámica: después de que la computación se acabe, durante la computación, el programa permite que, etc.

Modalidades de la meta lógica: 1. es válido, 2. es satisfacible, 3. es demostrable, 4. es consistente, 5. es demostrable en la teoría T.

El lenguaje de la lógica modal proposicional es una extensión del lenguaje de la lógica proposicional clásica. Se obtiene añadiendo a este lenguaje dos operadores modales. Las conectivas $\wedge$, $\vee$, $\rightarrow$ de la lógica clásica y las constantes proposicionales $\perp$ (Falso), $\top$ (Verdadero) se siguen interpretando intuitivamente del modo en que se hace en lógica proposicional, es decir como funciones de valores de verdad. Los operadores modales pueden interpretarse intuitivamente de muchas maneras, según la modalidad que se pretenda tratar.

Así, en las modalidades aleticas, el cuadrado $\square$ se interpretara como OPERADOR "es necesario" y diamante $\lozenge$ se interpretara como OPERADOR "es posible"; en las modalidades temporales el cuadrado se interpretara como "siempre en el futuro" y el diamante se interpretara como "en algún momento futuro".

1. Vocabulario El lenguaje formal de la lógica modal proposicional consta pues del siguiente vocabulario: 1. Variables proposicionales: p, q, r, p1, q1, r1,. . .

2. Constantes proposicionales: $\perp$, $\top$ Operadores modales:

3. Conectivas: $\wedge$, $\vee$, $\rightarrow$

4. Operadores modales: cuadrado, diamante

5. Paréntesis Asumimos una enumeración fijada p0, p1, p2,. . . de las variables proposicionales.

Capítulo 18

LOS PRIMEROS PRINCIPIOS

Para penetrar en la coherencia del pensamiento del orden Tomista, él mismo esboza que es de sabios ordenar[5], el mismo se atribuye la labor de ordenar, este es un Principio Meta Lógico Previo (PMLP) a todo principio, y ¨ordenar¨ es el trabajo de toda su vida.

En esta investigación el término ordenar se entenderá como establecer una jerarquización entre conceptos, por tanto es necesario un marco hermenéutico, cuyas fronteras estén definidas perfectamente por el conjunto de principios que Aquino utiliza, y jerarquizarlos entre sí; además tales principios no solo se analizarán desde la noción Tomista, sino que se analizarán desde un punto de vista de la lógica moderna, las ciencias contemporáneas, y se hará una crítica constructiva, para que el lector perciba a Tomás de Aquino como una fuente aún inagotable de conocimiento, limitado exclusivamente por nuestra mente distante temporalmente del aquinate. Este marco hermenéutico se plasmó como un mundo posible en su obra cenit: La Suma Teológica.

En las obras de Tomás de Aquino, analizando el ámbito teológico o el ámbito filosófico, se observa la necesidad de Aquino en fundamentar sus conclusiones sobre principios evidentes, principios con categoría similar a los llamados axiomas por Aristóteles[6], en la siguiente cita:

"Y, si hay una ciencia demostrativa acerca de ellos, será preciso que algún género sea sujeto, y que, de ellos, unos sean afecciones, y los otros, axiomas (pues es imposible que haya demostración acerca de todos), porque la demostración tiene que

---

Cfr. Tomás de Aquino, *Summa Contra Gentiles*, I, 1. *"sapientis est ordinare"*. Pero estas palabras se deducen de Aristóteles en *Metafísica*, I, 2.

Aristóteles, Met., III, 2 Bk997a 5-15. Para referenciar la Metafísica de Aristóteles se está usando la traducción trilingüe de Valentín García Yebra, Ed. Gredos, 1998. Salvo que se diga lo contrario.

partir de ciertas premisas, referirse a algo y demostrar algunas cosas. Resulta, pues, que de todas las cosas que se demuestran hay algún género único, pues todas las ciencias demostrativas utilizan los axiomas. Por otra parte, si son distintas la ciencia de la substancia y la que trata acerca de estos principios, ¿cuál de las dos es naturalmente superior y anterior? Pues los axiomas son universales en grado máximo y principios de todas las cosas; y, si no corresponde al filósofo, ¿a qué otro corresponderá considerar lo verdadero y lo falso acerca de ellos? "

ORDENAR O PRINCIPIO META LÓGICO PREVIO

El Aquinate enuncia el primer oficio del sabio, cual es, presentar la verdad., Aristóteles indicaba la función de la sabiduría, «es propio del sabio ordenar»[7]

El primer significado de ordenar, en Aquino, es como explica Aristóteles, «gobernar» o mandar[8] El filósofo o sabio ordena porque puede encaminar o dirigir hacia el fin, ubicando las cosas en orden.

El segundo significado y principal de ordenar, por tanto, es encaminar hacia el fin o causa final. El sabio conoce y expresa, por tanto, la causa final de las cosas, su bien último —porque todas ellas tienden a su bien o perfección—, que es así un principio, Principio Teleológico de la Perfección (PTP) también de todos los seres. Podría decirse que busca el sentido último de toda la realidad. Por ello, dice Aristóteles es propio del sabio considerar «las causas más altas»[9]

Nótese que el PTP es un meta principio, que podemos decir es previo al Principio Meta lógico Previo, mas aun hasta podemos decir que PTP obliga al PMLP.

El tercer significado de «ordenar», como consecuencia teleológica de conocer su finalidad o sentido, es el de conocer y explicar el orden de la

[7]Aristóteles, *Metafísica.*, I, 2, 3 982a 18
[8]IDEM, *Tópicos.* II, 1, 5, 109a 27-29
[9]IDEM, *Metafísica.*, I, 981a 18bc.

realidad. El sabio considera el orden de la naturaleza, el orden lógico, el orden moral y el orden artificial de las construcciones útiles o bellas[10]

Lobato afirma que Aquino es **«modelo del orden».** : «Ningún pensador supera a Tomás de Aquino por poner orden en los conceptos, en las palabras y en las cosas» En la labor de sabio: «Tomás es un modelo de pensador ordenado. Su obra tiene profunda unidad y coherencia entramada descendiendo de los primeros principios a las cosas, y ascendiendo de la experiencia del fenómeno a las categorías. Por ello, su obra es prístina coherente, y tiene una espléndida belleza intelectual»[11]

Aquino intenta dar finalidad o sentido a todo lo creado, este intento de dar sentido a lo creado o a la existencia del universo es un PRINCIPIO, el cual, por ahora, podemos denominar como PRINCIPIO DEL SENTIDO EXISTENCIAL DEL ENTENDIMIENTO (PSEE) «El último fin del universo es, pues, el bien del entendimiento, que es la verdad». **La causa primera y final es el entendimiento.** La verdad, fin de todo entendimiento, es el último fin del universo[12]. (Pero ahora surge la pregunta ¿el Universo tiene un fin?, ¡el entendimiento corresponde a la inteligencia humana!, no al UNIVERSO, y la verdad también es una categoría humana.)

El PSEE es una relación entre el ser humano y la existencia del Universo, que persigue entender asignando un sentido a la existencia del Universo, Tomás de Aquino se adelanta siete siglos al enunciado del: **Principio Antrópico** (del griego ἄνθρωπος *ánthrōpos*, «hombre (humano)») es un principio que se suele enunciar como sigue:

El mundo es necesariamente como es porque hay seres que se preguntan ¿por qué es así?

Obvio, evidente, el principio es una intrínseca relación entre el entendimiento humano y la existencia del Universo. Aquino se adelantó siete siglos a el primer uso del término *principio antrópico* que se

---

[10] **Tomas de Aquino,** *Comentario a la ética de Nicómaco de Aristóteles,* I, 1.
Abelardo Lobato, *Abelardo, haz memoria. Las obras y los días,* Op. cit., p. 231.
[12] Tomás de Aquino, *Suma contra gentiles,* I, c. 1.

atribuye al físico teórico Brandon Carter en el siglo XX. El primero en tratar la idea en detalle fue Robert H. Dicke y más tarde fue desarrollado por B. Carter quien en 1973,

«Es razonable, en consecuencia, que la verdad sea el último fin del universo y que la sabiduría tenga como deber principal su estudio»[13] (el hecho es que una cosa no puede perseguir como objetivo a una entidad intelectual como lo es la verdad, porque los objetos o universo existe y no es verdadero ni falso., pero continuemos con el pensamiento del aquinate)

La verdad se expresa por medio del acto intelectual del juicio humano. Supone la simple aprehensión o conocimiento de lo que las cosas son, pero no es esta aproximación a la realidad, sino la adecuación a ella. En el acto de juzgar, de afirmar o negar, se coincide o no con la realidad y se posee así la verdad o la falsedad. El Universo no aprehende el conocimiento y por tanto no puede juzgar ni entender, en todo caso creemos que Aquino se refería a la finalidad del hombre como un ente que debe entender y que debe enfocar su fin existencial a entender.

En esta investigación el término ordenar se entenderá como establecer una jerarquización entre conceptos, por tanto es necesario un marco hermenéutico, cuyas fronteras estén definidas perfectamente por el conjunto de principios que Aquino utiliza, y jerarquizarlos entre sí; además tales principios no solo se analizarán desde la noción Tomista, sino que se analizarán desde un punto de vista de la lógica moderna, las ciencias contemporáneas, y se hará una crítica constructiva, para que el lector perciba a Tomás de Aquino como una fuente aún inagotable de conocimiento, limitado exclusivamente por nuestra mente distante temporalmente del aquinate. Este marco hermenéutico se plasmó como un mundo posible, en el cual ordena los conceptos y realidades, en su obra cenit: La Suma Teológica.

En las obras de Tomás de Aquino, analizando el ámbito teológico o el ámbito filosófico, se observa la necesidad de Aquino en fundamentar

---

[13] Tomás de Aquino, *Suma contra gentiles*, I, c. 1.

sus conclusiones sobre principios evidentes, principios con categoría similar a los llamados axiomas por Aristóteles[14], en la siguiente cita:

"Y, si hay una ciencia demostrativa acerca de ellos, será preciso que algún género sea sujeto, y que, de ellos, unos sean afecciones, y los otros, axiomas (pues es imposible que haya demostración acerca de todos), porque la demostración tiene que partir de ciertas premisas, referirse a algo y demostrar algunas cosas. Resulta, pues, que de todas las cosas que se demuestran hay algún género único, pues todas las ciencias demostrativas utilizan los axiomas. Por otra parte, si son distintas la ciencia de la substancia y la que trata acerca de estos principios, ¿cuál de las dos es naturalmente superior y anterior? Pues los axiomas son universales en grado máximo y principios de todas las cosas; y, si no corresponde al filósofo, ¿a qué otro corresponderá considerar lo verdadero y lo falso acerca de ellos? "

Como se lee, en la referencia anterior, un axioma es una premisa universal en grado sumo, y principio de todas las cosas, es decir existe una relación de necesidad entre un principio y la existencia de las cosas, lo cual expresamos como:

Formula 1   Axioma $\supset$ $\Box$Cosa

El conectivo $\supset$ $(o\ tambien\ \rightarrow)$ no es solo una implicación lógica (si...entonces), sino que conlleva una implicación de necesidad. Podremos leer la expresión anterior como:

La cosa para existir necesita del Axioma, o

Si es necesario el Axioma entonces existe la Cosa,

Si definimos el operador "$\Box$" como "es necesario que", y al operador "$\Diamond$" como la expresión "es posible que", o, Si definimos el operador "$\Box$"

---

[14] Aristóteles, Met., III, 2 Bk997a 5-15. Para referenciar la Metafísica de Aristóteles se está usando la traducción trilingüe de Valentín García Yebra, Ed. Gredos, 1998. Salvo que se diga lo contrario.

como "es necesariamente verdad que", y al operador "◊" como la expresión "**es posiblemente verdad que**",

Entonces en la fórmula 1,

Axioma ⊃ Cosa, se puede escribir como

□ Axioma ⊃ Existe la cosa o es verdad, o,

□ Axioma ⊃ ∃(*la cosa o es verdad*)

La expresión modal alética[15] anterior realmente si se interpreta como un juicio entonces podemos hablar de verdad, pero si se interpreta como un principio ontológico entonces para la existencia de la cosa es previa la necesidad del Axioma, pero cuando Aristóteles dice: « Pues los axiomas son universales en grado máximo y principios de todas la cosas», parece no darse cuenta que está estableciendo un principio de la lógica que es el **Principio o teorema de necesitación,** el cual en la lógica modal se denomina **Regla de inferencia N o de necesitación,** la cual dice que **si una formula o juicio θ es un principio o teorema entonces ¨es necesario que θ¨ también es un principio o teorema,** lo cual expresamos así:

$$\frac{\vdash \theta}{\vdash \Box \theta}$$

□p =Def. ~◊~p, ◊p =Def. ~□~p, como se ve la necesidad se define en base a la posibilidad y vs.

La lógica aletica es la lógica modal heredada del pensamiento Aristotélico, la cual trata de las modalidades aleticas de verdad como: necesidad, posibilidad, imposibilidad, contingencia. Estas modalidades indican cuando una proposición o juicio es verdadera o falsa. Como –imposible- puede definirse como –es necesario que no-, y contingente como –ni necesario ni imposible-. Las modalidades aleticas básicas son posibilidad y necesidad. En consecuencia se define la lógica aletica como el estudio y formalización de las relaciones de inferencia entre enunciados afectados por las relaciones de necesidad y posibilidad y sus negaciones. Así definimos,

El operador básico que se toma para la definición es el de necesidad □.

(El cuadro es el operador de necesidad)

Las definiciones anteriores son semejantes a las definiciones de la lógica proposicional de cuantificadores

$$\exists x\varphi(x)=\sim\forall x\sim\varphi(x),$$

$$\forall x\varphi(x) = \sim\exists x\sim\varphi(x)$$

,

Es obvio que a la regla de Necesitación N se le adiciona la regla Modus Ponens de la lógica proposicional, de forma que la anterior expresión también se puede expresar como:

Formula 2 $\qquad \vdash \theta \supset \vdash \Box\theta$

En Aristóteles pareciera que la existencia del axioma existe en la naturaleza, en el universo, y una copia en la razón humana; a diferencia de que Tomás de Aquino dice que tales axiomas han sido colocados en la naturaleza humana por la divinidad.

Pareciera una relación entre objetos lógicos, pero no es así, el axioma tiene una existencia real, para Aristóteles, que mantiene la existencia de la cosa. Una afirmación fuerte de Aristóteles es que todo depende de los principios primeros, o sea

$\Box$Axiomas $\supset$Principios de la Existencia de todo

La crítica constructiva significa precisamente investigar la interrelación de los primeros principios, u otros. Aun cuando en la lógica moderna podemos establecer un orden jerárquico entre los principios, como se demostrará; sin embargo, a Aquino, aparentemente, no le interesa discernir cual es la relación entre esos principios, porque no hay obra escrita en la que trate el punto. Se expone la jerarquización de los principios en la lógica moderna, en la **fórmula 1,** como ejemplo de lo que se quiere hacer con los principios de Aquino; es decir, pretendemos hallar una jerarquización entre los principios del Aquinate.

Desde el inicio, Aquino establece meta primero principios o principios meta lógicos previos a todo orden, los cuales ya describimos son:

1. Principio Meta Lógico Previo (PMLP) a todo principio

2. Principio Teleológico de la Perfección (PTP)

3. PRINCIPIO DEL SENTIDO EXISTENCIAL DEL ENTENDIMIENTO (PSEE)

El propósito de la filosofía de Aquino es hacer evidente que se debe evitar cualquier mínimo error axiomático, al iniciar una deducción, porque al final de una demostración la conclusión se convertiría en un Craso error, cuando el único fin de la racionalidad es obtener conocimiento, como lo menciona a continuación en su Opúsculo Ente y Esencia:

Procemium

Quia parvus error in principio magnus est in fine, secundum Philosophum in primo *Cæli et Mundi*, ens autem et essentia suntquæ primo intellectu concipiuntur, ut dicit Avicenna in principio suæ *Metaphysicæ*, ideo ne ex eorum ignorantia errare contingat, ad horum difficultatem aperiendam, dicendum est, quid nomine essentiæ et entis significetur, et quomodo in diversis inveniatur, etquomodo se habeat ad intentiones logicas, scilicet genus, speciem et differentiam[16]

El propósito de la filosofía Tomista tiene su equivalente en El propósito de la filosofía Aristotélica el cual es precisar ¿qué se piensa necesariamente si se piensa con necesidad y racionalidad?, entonces se obtiene conocimiento escrupuloso, dice Aristóteles:

"Acerca de las cosas que son puro ser y actos no es posible engañarse, sino que o se piensa en ellas o no; [...] El ser, considerado como lo

---

Tomás de Aquino., Thomæ Aquinatis *De Ente et Essentia* Opúsculo dirigido a los hermanos de la Orden de Predicadores, 1256.
Prólogo

Teniendo en cuenta que —según advierte El Filósofo en el primer libro de *Loscielos y la Tierra*— un error pequeño al principio es grande al fin, y que —según dice Avicena al comienzo de su *Metafísica*— el *ser* y la *esencia* es lo primero que el entendimiento capta, para evitar las dificultades que el desconocimiento de estas nociones ocasionaría, se ha de establecer el significado de los términos "esencia" y "ente", su relación con las nociones lógicas de *género, especie* y *diferencia*, y el modo en que el ser y la esencia se manifiestan en las diversas cosas.

verdadero, y el no ser, considerado como lo falso, uno, lo verdadero, se da si hay unión, y lo otro, lo falso, si no hay unión. Y lo uno, si es verdadero ente, es de un modo determinado, y si no es de ese modo, no existe. Y la verdad equivale a pensar estas cosas; y aquí no hay falsedad ni engaño, sino ignorancia, pero no cual la ceguera; pues la ceguera es como si uno careciese en absoluto de la facultad de pensar"[17]

Aquino dice que la primera noción que capta el entendimiento es el Ente, y que al construirla puede hacer la de no-ente, y al comparar ambas concepciones se percata que son contradictorias. Pero esta expresión de Aquino es una expresión fuertísima porque está afirmando que nuestra razón funciona según oposición pura siguiendo la contradicción. Es decir, si pensamos el ente entonces simultáneamente pensamos el no ente y notamos su incompatibilidad.

Rigurosamente la comparación entre ente y no-ente no es una formulación del principio de no-contradicción sino que demuestra la capacidad del entendimiento humano tomista capaz de enfrentarse con la inmaterialidad de la pura negación, esta será la futura tesis del Intelecto Agente del Aquinate donde lo inteligible es lo inmaterial, dice el Angélico:

"Una forma es inteligible en acto por el hecho de ser inmaterial"[18],

Como es de sabios ordenar, el angélico utiliza el principio de no-contradicción (PNC) en la estructura lógica de cada una de las 512 cuestiones de su Suma Teológica, tal Suma es presentada como un mundo posible coherente de pensamientos, sin embargo eso no indica una jerarquización de los principios considerados en la Suma Teológica, el PNC es usado solamente con un sentido lógico, se demostrará su relación con en otros principios como: el Principio de Razón Suficiente, El Principio de Individuación, el Principio de Identidad, El Principio de Causalidad, el Principio de Plenitud, Principio de Finalidad. Sobre todo, se hará una reconstrucción tratando de definir el Principio de Identidad,

---

[17] Aristóteles, Met., IX, 10, Bk1051b 30, ss BK1052a 4

[18] Tomás de Aquino. S.Th, I, q.79, a.3, c.

ya que él no lo define, pero utiliza el término identidad 66 veces en diferentes contextos de la Suma Teológica.

Es desde el comienzo necesario confrontar la concepción de los primeros principios en Aristóteles y en Aquino, por ser Aquino, de algún modo, interprete conceptual del legado filosófico de Aristóteles. La siguiente referencia es semejante a la referencia número 6 de Aristóteles, dice Aquino:

"Pero nadie puede instruir sin poseer ciencia. Por lo mismo, el primer hombre fue creado por Dios en tal estado que tuviera ciencia de todo aquello en que el hombre puede ser instruido. Esto es, todo lo que existe virtualmente en los **principios evidentes** por sí mismos; esto es, todo lo que el hombre puede conocer naturalmente."[19]

Para Aristóteles los primeros principios son axiomas, pero en la cita anterior Aquino revela su origen divino creacionista, en la cita anterior el Aquinate acepta que es el hombre quien posee en su naturaleza, como grabados a priori, los primeros principios para conocer., donde conocer significa construir el conocimiento inmerso en la realidad tangible a los sentidos y también a la realidad espiritual, y a la realidad de los conceptos.

A diferencia de la expresión de Aristóteles:

"□Axioma ⊃ Existe la cosa", "□A ⊃ A,

Aquino dice:

□Principios Evidentes o Axiomas ⊃ Conozco la cosa.

Sin embargo Aquino no dice cuáles son esos primeros principios, o si se relacionan entre sí, y cuál es su jerarquía.

En la primera mención a los primeros principios Aristóteles dice: "Si es propio de la ciencia contemplar sólo los primeros principios de las substancias, o también *los principios en los que todos basan sus demostraciones;* por ejemplo, si es posible, o no, afirmar y negar simultáneamente una misma cosa, y los demás principios semejantes. Y, si la ciencia trata de la sustancia, ¿es una la que trata de toda las substancias o son varias? Y, si son varias ¿es una la que trata de

---

[19] Tomás de Aquino., S.Th q.94 a.3

todas las substancias o son varias? Y, si son varias ¿son todas del mismo género, o a unas hay que llamarlas sabiduría y a otras otra cosa? "[20]

Es indiscutible la distinción que hace Aristóteles entre «los primeros principios de las sustancias» y los «principios (lógicos) en los que todos basan sus demostraciones». Lo cual queda claro en,

Pertenece a una sola ciencia contemplar los entes en cuanto son entes. Pero siempre la ciencia trata propiamente de lo primero y de aquello de lo que dependen las demás cosas y por lo cual se dicen. Por consiguiente, si esto es la sustancia, el filósofo tendrá que conocer los principios y causas de las sustancias.[21]

Cuando se menciona a la Suma Teológica como un mundo posible, se dice, se habla, sobre la posibilidad de descubrir conocimiento nuevo en esa obra, y esto es razonable con el resurgimiento de la neo escolástica[22], que pretende hallar nuevo conocimiento. Quien lo niegue está negando que una obra del siglo XIII se enquisto en ese siglo y de nada nos sirve para tratar y menos resolver problemas contemporáneos.

Es inevitable la discusión del problema del *primum:* lo primero conocido se corresponde con lo primero real. Por tanto, ¿cuál es el primer principio? Así como el ser por esencia es origen de los entes, porque el ente[23] participa del ser[24],¿el principio de identidad sería anterior al de

---

[20] Aristóteles., Met., III Bk995b

Aristóteles., Met., IV, 2; Bk1003b 15-19. (este sería el Principio de Sustancia)

En el sentido tradicional, la neo escolástica es una tendencia filosófica, adscrita a la Iglesia Católica Romana, iniciada en la primera mitad del siglo XIX, y consagrada por el Papa León XIII en su Encíclica *Aeterni Patris,* que se propone restaurar la filosofía tradicional, inspirada en el tomismo. El Papa León pretende trazar una dura defensa de la metafísica contenida en Aquino. Otras líneas de investigación surgieron en torno al tomismo, enriqueciéndolo con la investigación hermenéutica, en otro sentido, la neo escolástica progresiva aspira enriquecer el tomismo enfrentándolo a los problemas modernos, y el conocimiento moderno.

Tomás de Aquino. Ente y Esencia, c. 1. El ente es el primer conocido del entendimiento que abstrae primero, por ser el objeto formal propio del mismo.
Según el Aquinate « Aristóteles demuestra en su *Metafísica,* que el ente no puede ser un género» (*De veritate,* q. 1, a. 1, in c. *Cfr.* Aristóteles, *Metafísica,* II, 3, Bk998b 20-30).

no-contradicción?; ¿Cómo se relacionan estos principios?, la causalidad y otros principios.

Tomás de Aquino dice «el proceso propio de la razón, que llega por invención (inducción) al conocimiento de lo que era desconocido, se cumple cuando aplica (por deducción) los principios comunes y evidentes de suyo a determinadas materias, y de aquí procede a conclusiones particulares y de estas o otras»[25], la aceptación de principios evidentes u obtenidos por vía inductiva, permiten obtener demostraciones para apoyar lo obtenido *per modum suppositionis (hipótesis o conjeturas)*

Podemos considerar como Principio: aquello de lo que algo procede de algún modo. En sentido más estricto, principio es aquello de lo que algo procede su ser. También desde un punto de vista lógico un principio seria una premisa desde la cual comenzamos a deducir o demostrar algo

Definición: Definamos los Primeros principios como juicios de las exigencias ontológicas del ente, como leyes universales del ser.

En esta investigación analítica probablemente la definición anterior será diseccionada intelectualmente de tal manera que seriamente nos veamos obligados a preguntarnos repetitivamente ¿Qué es un primer principio?

El ente es un concepto único, pero no univoco como lo es, en cambio, todo género, sino que posee una unidad proporcional, y, por ello, es análogo. Al afirmarse que el ente se divide en diez géneros, (*De ente et essentia*, c. 1), no se significa que lo hace como un género en otros géneros o subgéneros, sino como un concepto análogo se diversifica en sus analogados, el ente está fuera de todo género y, por ello, no hay otro superior que permita situarle, determinando su sentido. No puede ser definido, es un concepto, por ello, se denomina trascendental Sin embargo, Tomás de Aquino avanzó más allá de Aristóteles describiendo su significado y analizando sus contenidos, tal como se infiere el Aquinate caracteriza el ente como «lo que tiene ser»

[24] Tomás de Aquino. De Veritate, q. 21, a.2 c., «así como es imposible que algún ente sea sin tener el ser, así es necesario que todo ente sea bueno, por esto mismo que tiene ser»

[25] Tomás de Aquino. De Veritate, q.11, a.1 c.

Cuando el intelecto humano logra intuir y formular los principios primeros y universales del ser y adquirir correctamente de ellos conclusiones coherentes de orden lógico y deontológico, entonces puede considerarse un intelecto indubitable.

En el conocimiento humano existen verdades primeras, que son fundamento de todas las demás certezas. Así como -«ente» es la primera noción de nuestra inteligencia[26], según Tomás de Aquino-, incluida en cualquier idea posterior, hay también un juicio, inductivamente o natural, primero, que está supuesto-hipotético en todas las demás proposiciones, este es el Principio de No-Contradicción o PNC.

El Objetivo Primero del Intelecto

El ser como verbo significa -acto de ser-, es el primer conocido, algunas veces ser se usa como sinónimo por ente, significando el sujeto concreto subsistente, compuesto de acto de ser y potencia de ser (esencia), por eso el ser (ens) es el objeto propio del intelecto, y por tanto el primer inteligible (S.Th, 1, q.5, a.2, c)

Lo primero que reconocido por el intelecto es el —ente-es el primer principio indemostrable (un axioma), no se puede simultáneamente aseverar ni negar Aristóteles IV (Metafísica, S.Th, 1-2, q.94, a.2c)

De la imposibilidad de la simultaneidad de ser y no ser se deriva la imposible existencia de los contrarios, de lo cual resulta que el ser humano pueda pensar admitiendo entes contrarios como verdaderos (In IV Metafísica, 6)

Tenemos claro que ente participa del acto de ser (In Causis, 7)

---

[26] Tomás de Aquino. De potencia, q.9, a.7, ad.15.

Capítulo 19

El principio de No Contradicción

El principio de no-contradicción Aristotélico.

Cuyo acrónimo es **PNC**, declara la incompatibilidad radical entre ser y no-ser, fundada en que el acto de ser confiere a todo ente una perfección real, auténtica, que se distingue absolutamente de estar privado de ella.

El lector debe entender de ahora en adelante que más que una crítica del PNC en Tomas de Aquino se hace un análisis crítico o contrastación con Aristóteles y otros autores para que sea entendido el sentido de su uso.

La definición aristotélica del PNC es:

«Pues aquel principio que necesariamente ha de poseer el que quiera entender cualquiera de los entes no es una hipótesis, sino algo que necesariamente ha de conocer el que quiera conocer cualquier cosa, y cuya posesión es previa a todo conocimiento. Así, pues, tal principio es evidentemente el más firme de todos. Cuál sea éste, vamos a decirlo ahora. Es imposible, en efecto, que un mismo atributo se dé y no se dé simultáneamente en el mismo sujeto y en un mismo sentido (con todas las demás puntualizaciones que pudiéramos hacer con miras a las dificultades lógicas). Éste es, pues, el más firme de todos los principios, pues se atiene a la definición enunciada. Es imposible, en efecto, que nadie crea que una misma cosa es y no es, según, en opinión de algunos, dice Heráclito. Pues uno no cree necesariamente todas las cosas que dice. Y si no es posible que los contrarios se den simultáneamente en el mismo sujeto (y añadamos también a esta premisa las puntualizaciones de costumbre), y si es contraria a una opinión la opinión de la contradicción, está claro que es imposible que uno mismo admita simultáneamente que una misma cosa es y no es. Pues simultáneamente tendría las opiniones contrarias el que se engañase acerca de esto. Por eso todas las demostraciones se remontan a esta última creencia; pues éste es, por naturaleza, principio también de todos los demás axiomas. »[27]

Aristóteles, Met., Γ Bk1005b 15-30. Los libros de su Metafísica están ordenados según las letras del alfabeto griego. El Libro Alfa diferencia entre los tipos de

El estagirita en su definición-concepción del PNC afirma que:

1.- el PNC no es una hipótesis

2.- es necesario para entender los entes

3.- es previo a todo conocimiento (como una categoría kantiana)

4.- el más evidente de todos los principios

5.- El PNC se define como: Es imposible, en efecto, que un mismo atributo se dé y no se dé simultáneamente en el mismo sujetoy en un mismo sentido

6.- También el PNC se define como: Es imposible, en efecto, que nadie crea que una misma cosa es y no es, (se utiliza para definir la sustancia)

7.- El PNC se utiliza en las demostraciones: Por eso todas las demostraciones se remontan a esta última creencia; pues éste es, por naturaleza, principio también de todos los demás axiomas

Cuando se deduce o razona entonces El principio de no contradicción es una condición necesaria que crea la posibilidad de construir la realidad física para que posea sentido, construcción que se hace mediante pensamientos fraccionados en clases de objetos y la negación de clases de objetos.

Pero tales objetos no necesariamente deben ser materiales, sino también estructuras u objetos mentales.

Demostración de la Necesidad, Universalidad y Evidencia del PNC

---

conocimiento, enfatizando la filosofía y la metafísica como conocimiento que analizan los principios y causas del conocimiento y de las cosas. El Libro Beta es el núcleo, ya que limita las caras de la metafísica al "ser en general" como su objeto, y describe la teoría hilemórfica, diferenciando entre sustancia y accidentes. La discriminación del concepto de ser se culmina en el Libro Delta. Los principios del razonamiento valido y, el "principio de no contradicción" se disciernen en el Libro Gamma o IV. Ambos, el Libro Zeta y el Libro Eta analizan del concepto de "sustancia". El Libro Theta analiza el problema del cambio y del movimiento, creando los conceptos de potencia, y los principios esenciales que definen la idea de un "motor inmóvil". El Libro Lambda analiza el "Primer Motor" del Universo, ¿qué es su causa primera? y una de las bases de la singular teología de Tomás de Aquino.

Aristóteles considera al primer principio PNC, previo a todo saber, ¿es decir a priori?, con tres cualidades: necesidad, universalidad, y evidencia.

El PNC es necesario, porque al pensar una opción entonces se supone lo opuesto. La opción seleccionada implicaría una disyunción y, por tantola exclusión expresada en la no-contradicción. Esto ocurre porque el principio de no-contradicción contiene el sentido de la negación, porque ésta nada significa si no excluye absolutamente a la pareada afirmación. Si se intenta negar el PNC, tal negación deja de serlo*ipso facto*: por eso, quien intenta pensar la contradicción, deja de pensar. Por tanto El principio de no-contradicción es necesario[28].

El PNC es evidente porque aquello cuya opción es estrictamente impensable es indubitable, si se piensa, necesariamente se piensa así, por tanto, no se requiere demostración del PNC[29]. En esto coinciden Aristóteles y los juicios evidentes de Aquino, donde el predicado está inmerso en el sujeto.

El PNC es universal porque si se intenta que algún objeto no está compuesto por el principio de no-contradicción, entonces si se hace la negación; luego también se supone la validez del principio de no-contradicción para describir la índole de dicho objeto[30]. Por tanto, se admite que el principio de contradicción rige también allí donde se lo pretendía evitar.

En la lógica moderna proposicional se puede expresar el PNC con la siguiente notación,

Fórmula 3 $\sim (A \wedge \sim A),$

---

[28] Aristóteles., Met. IV, 4, Bk1007a 15-21. "Es imposible, en efecto, enumerar todos los accidentes, que son infinitos; por consiguiente, enumérense todos o ninguno. De manera semejante, pues, aunque el mismo ente sea infinidad de veces hombre y no-hombre, al contestar al que pregunta si es hombre, no se debe añadir que es también simultáneamente no-hombre, a no ser que se hayan de añadir también todos los demás accidentes, todo lo que tal ente es o no es."

[29] Aristóteles., Met. IV, 4, Bk1007a 15-21.

[30] Aristóteles., Met., IV, 4, Bk1007b 18-20. "Además, si las contradicciones son todas simultáneamente verdaderas, dichas de uno mismo, es evidente que todas las cosas serán una sola,...si de todo se puede afirmar y negar cualquier cosa.
La conclusión del razonamiento anterior de Aristóteles es la necesidad de la universalidad del principio de no contradicción, porque el PNC ayuda a diferenciar las cosas.

Y con el operador modal $\sim\!\Diamond$ **(A $\wedge\sim$ A),** se niega la posibilidad de la verdad de A y no-A simultáneamente.

Esta es una interpretación semántica moderna de la verdad de dicho principio, porque utiliza el concepto de verdad para evaluar el valor veritativo de la formula anterior, donde $\wedge$ es la conjunción lógica del cálculo proposicional de primer orden, el principio de no contradicción permite juzgar como falso todo aquello que implica una contradicción. De ahí la validez de las demostraciones por reducción al absurdo.

Para el estagirita los primeros principios de la sustancia son la materia y la forma para las substancias corruptibles. Y «los principios de la demostración» son utilizados por el discurso racional que busca la verdad.

La definición del PNC de Aristóteles será tomada y cuasi insertada en el sistema Teológico-filosófico Tomista, porque siendo la lógica escolástica-medieval semántica quiere tratar todos los sentidos en los que se puede considerar el ente, la cosa, y la verdad.

Principio de No-Contradicción Tomista

El principio anterior de no-contradicción aristotélico es mucho más amplio, porque es una definición ontológica, semánticamente, al considerar más sentidos de los considerados por el Aquinate, la declaración de su principio de no-contradicción enuncia: "Por eso, el primer principio indemostrable es que no se puede afirmar y negar una misma cosa, principio que se fundamenta en la noción de ente y no ente, y sobre el cual se fundamentan todos los demás principios"[31].$\rightarrow$

Este principio de no contradicción: $\sim$ **(A $\wedge\sim$ A),** así expresado, no utiliza el concepto de ser de Aristóteles, ni se fundamenta en la noción de ente de

[31] Tomás de Aquino, S.Th, I-II, q.94, a. 2 c.

Tomas de Aquino, este principio moderno solo utiliza la forma lógica[32], y su validez radica en la verdad, ya que es una tautología[33]. Este principio moderno es independiente del significado ontológico o del origen de **A**.

Es decir, si el número 1 representa a la verdad **V**, tenemos:

Fórmula   4 $\sim(A \wedge \sim A)$

$$1$$

O sea que la Formula 4 es verdadera para cualquier (caso) interpretación de **A** y por tanto es una tautología.

El principio del Aquino expresa el sentido lógico de las demostraciones, se puede decir con toda certeza que el principio de no-contradicción de Aquino esta contenido según un sentido en el de Aristóteles. Pero el PNC del Doctor Común lo fundamenta en la ontología del ente y del no-ente.

Como ejemplo pensemos ahora, ¿quiere decir Aquino que ente es contradictorio de no ente?, es decir ¿la negación de la sustancia de ente es una sustancia no ente? O acaso no ente es todo lo diferente a ente, léase la nota siguiente de Pérez Estévez[34] [35].

Cfr. Muñoz García, Ángel. Lógica Simbólica Elemental, Ed. Miro, 1992, p. 10

En la lógica moderna una tautología (del griego ταυτολογία, "decir lo mismo") es una fórmula bien formada (fbf) de un sistema de lógica proposicional que resulta verdadera para cualquier interpretación; es decir, para cualquier asignación de valores de verdad que se haga a sus fórmulas atómicas. La construcción de una tabla de verdad se hace para determinar si una fórmula cualquiera es una tautología o no.

Cfr. Pérez Esteves, Antonio. La Materia prima, de Avicena a la escuela franciscana. EdiLUZ, 1998. pp. 135-162.

Garcia Yebra, Valentín. Metafísica de Aristóteles. Prologo. 2ª ED. Gredos Trilingüe, 1998. «Entidad»,en cambio, derivado de de *entitas,* sustantivo abstracto de **ens**. No tiene limitada la amplitud de su significado . Por eso cubre toda el área semántica de ens «el ente» , equivalente a ὶο ὄν, que no solo comprendía las sustancias, sino también los accidentes o entidades accidentales.

La materia prima concebida sin forma, no tiene ser alguno es un no-ente, pero no es absolutamente la nada, ya que su potencia la dispone para recibir el ser formal. Tomás de Aquino menciona la materia prima como un no-ente, y en otra oportunidad niega que sea ente. «Materia prima, sicut non est ens nisi in potentia », la materia prima como no es un ente sino en potencia, S.Th. q.5, a.3, ad, 3um. Pero en otro texto afirma que la materia prima es un no-ente, un no-existente, pero a la vez advierte que no es absolutamente nada sino «que es en potencia y no en acto », S. Th. I, q.5, a.2 ad 1um.

O sea que la existencia de la realidad ontológica de la materia prima es una realidad contradictoria, o no existe un juicio para expresar tal realidad que estaría fuera de todo entendimiento humano.

Ahora bien, del siguiente párrafo o capítulo primero de Tomás de Aquino, de Ente et Essentia podemos concluir una doctrina.

De acuerdo a lo señalado por El Filósofo en el libro quinto de la *Metafísica*, la palabra "ente" tiene dos acepciones: uno *clasificado en las diez categorías* y otro *que equivale a la verdad de las proposiciones*. La diferencia entre ambas consiste en lo siguiente: según la segunda, se denomina "ente" a todo aquello de lo que se puede afirmar algo, aun cuando no se trate de cosa real alguna; así, por ejemplo, cuando se dice que «la negación *es* opuesta a la afirmación» y «en el ojo *está* la ceguera», las privaciones y las negaciones son tratadas como entes; según la primera, en cambio, sólo se llama "ente" a aquello que tiene alguna realidad, de manera que ni la ceguera ni las privaciones ni las negaciones son entes. Por lo tanto el término "esencia" no deriva de "ente" en su acepción secundaria, porque si así fuera se podría llamar "entes" a cosas que no tienen esencia, como las privaciones; el término "esencia" deriva de "ente"[lo que es] en su sentido primario. De ahí que en el mencionado pasaje El Comentarista advierta que la palabra "ente", en su primera acepción, es la *sustancia* de la cosa. Y puesto que el ente —según se ha dicho—, cuando se entiende en este sentido, se divide en diez categorías, es preciso que la esencia sea lo que es común a todas las naturalezas por las cuales los entes corresponden a los diversos géneros y especies; así, por ejemplo, la esencia del hombre es su humanidad.

La doctrina es que el ente está compuesto o estructurado por sustancia y acto de ser

El sentido de negar al ente debe ser con toda seguridad que en el ente no pueden coexistir simultáneamente su sustancia y la negación de su sustancia, además de negar su acto de ser o existencia. Pero no solo lo anterior expresado, si no que existiendo el ente no puede existir el no-ente en el mismo mundo posible. Entonces surge la pregunta ¿en algún tipo de conocimiento o mundo posible existen simultáneamente el ente y el no ente?, ¿tal vez en el mundo ético-moral?

El no-ente posee una lógica diferente a las conocidas, porque poseería la no-sustancia y una no-poseer el acto de ser pero existiendo.

En conclusión la aceptación del PNC evitaría todas estas aporías que posiblemente tengan solución en algún mundo posible.

Pero la declaración de dicho principio según Aquino considera:

1.- Que este "principio es indemostrable", sin embargo Aristóteles trata de demostrar la necesidad de este principio.

2.- Este principio hace referencia solo a juicios afirmativos o negaciones, es decir, es un principio lógico porque su objeto son los juicios, descartando otros sentidos.

3.- Pero ahora dice que su principio se fundamenta en la "noción de ente y no ente", o sea su principio lógico se fundamenta en una noción ontológica como es el ente, pero no lo demuestra.

4.- Para finalizar su declaración, afirma que sobre su PNC se fundamentan todos los demás principios, ¿Cuáles son los demás principios?, ¿Aquino debe demostrar esa afirmación?

Pero en Aristóteles el PNC también se presenta como un principio gnoseológico, ya que afecta al conocimiento en toda su amplitud, pero en cuanto a su fundamento, se trata de un principio ontológico, pues afecta en su más íntima raíz a la realidad entera, es como una ley fundamental e inmutable de toda la realidad.

Aristóteles puso de relieve que estos principios deben ser tratados en Metafísica ya que tienen la misma amplitud y universalidad que el ente. Otros autores prefieren ocuparse de ellos en lógica porque tales principios son reguladores de toda actividad racional. Conviene, empero, advertir que antes de presidir el funcionamiento de nuestra mente, y precisamente por ello, tienen el valor de leyes objetivas del ente.

Ese primer juicio se denomina principio de no-contradicción, porque expresa la condición fundamental de las cosas, es decir, que no pueden ser contradictorias. Este principio se funda en el ser, y expresa su misma consistencia y su oposición al no-ser.

Este principio tiene, como veremos, una importancia fundamental en el conocer humano, tanto espontáneo como científico, y en las acciones de la vida, ya que constituye el primer presupuesto de la verdad de nuestros juicios lógicos, éticos, morales, gnoseológicos, ontológicos.

Conocimiento inductivo del primer principio PNC

El principio de no-contradicción es conocido de manera natural y espontánea por todos los hombres, a partir de la experiencia.

Constituye un juicio per se notum omnibus, es decir, manifiesto por sí mismo a todos, pero no es una sentencia innata que el entendimiento poseería ya antes de empezar a conocer, ni una especie de esquema intelectual para comprender la realidad.

Para emitir este juicio es necesario conocer con anterioridad sus términos, ente y no-ente, nociones que captamos sólo cuando, a través de los sentidos, la inteligencia entiende la realidad externa y aprehende. Tratándose de las dos primeras nociones que formamos, todos los hombres conocen necesariamente y de modo inmediato esta ley de la no-contradicción.

Es una certeza inductiva natural, la primera. Uno no "siente" con el principio de no-contradicción; se percibe el principio cuando inmediatamente se adquiere la noción de ente.

Como es natural, en los preluDios del conocer, este principio no se expresa en su formulación universal -«es imposible ser y no ser»-, pero sí se conoce con toda su fuerza y se actúa de acuerdo con él; por ejemplo, un hombre sabe muy bien que no es lo mismo matar que no matar, y obra en consecuencia según el comportamiento moral

Evidencia del PNC

Este principio no admite una demostración (según algunos autores no es necesario una demostración de la necesidad del principio de no contradicción) a partir de otras verdades anteriores. Su indemostrabilidad, sin embargo, no significa imperfección, porque cuando una verdad es evidente por sí misma, no es necesario ni posible probarla[36]Además, si todas las afirmaciones tuvieran que probarse a partir de otras, nunca llegaríamos a unas verdades manifiestas por sí mismas, y todo el saber humano estaría infundado[37].

Defensa tangencial del PNC

El PNC se puede demostrar es equivalente lógicamente a otros principios, como el PTE (principio de tercio excluso), el PI (principio de identidad), el PRS (principio de razón suficiente), y por lo tanto son equivalentes entre sí; sin embargo no se puede apelar a juicios más básicos, pero si se puede hacer una defensa indirecta de PNC por las graves consecuencias o incoherencias que causa, o bien en la interpretación semántica de la verdad, o bien en la incoherencia de un sistema de verdades donde todo el sistema se considera verdadero.

Veamos algunas de las argumentaciones en defensa del PNC que Aristóteles da en su Metafísica:

Con la afirmación subrayada se debe ser escéptico, porque el hecho de que Einstein dudara de la evidente teoría de Newton hizo que surgiera la Teoría de la relatividad especial y general que explicaba fenómenos y la existencia de objetos estelares maravillosos, para algunos obra de la creación divina, recuérdese que para el clero romano, según sus libros sagrados, Galileo estaba equivocado porque era para ellos evidente que la Tierra era el centro del Universo, recuérdese que Giordano Bruno fue incinerado en el campo di Fiori, porque sus teorías numéricas-exotéricas contradecían al clero romano medieval, y ahora sus frutos son las modernas computadoras). Sólo requiere ser demostrado lo que no es evidente de forma inmediata.

Para poder demostrar hace falta principios indemostrables que se toman como premisas, que no sean hipótesis, ni postulados sino certezas naturales primeras. La afirmación en negrita es un enunciado duro y fuerte, que ocupa gran parte del análisis de la epistemología del siglo XX.

a) Demostración lingüística.

Si niega este principio entonces se debe rechazar la univocidad de todo significado de los elementos del lenguaje: si «hombre» fuese lo mismo que «no hombre», entonces **hombre** no significaría nada; cualquier palabra indicaría todas las cosas o no designaría ninguna; todo sería lo mismo. Resultaría imposible, entonces, cualquier comunicación o entendimiento entre las personas. Por tanto, cuando alguien dice una palabra, entonces admite el principio de no-contradicción, porque se quiere que ese vocablo-término signifique algo determinado y distinto de su negación. En otro caso, no hablaría[38]

b) Principio Vital Racional Teleológico

Según las últimas consecuencias esta argumentación ad hominem, Aristóteles asevera que quien rechaza el primer principio es como una planta, porque incluso los animales se mueven para alcanzar un objetivo con preferencia sobre otros; por ejemplo, al buscar alimentos[39]

c) Auto demostración

Además, negar este principio supone aceptarlo, pues al rechazarlo se concede que no es lo mismo afirmar que negar: si se sostiene que el principio de no-contradicción es falso, se admite ya que lo verdadero no es igual a lo falso, aceptando así el principio que se quiere eliminar[40]

Proyección del PNC Aristotélico en el Aquinate

Ahora bien, una hipótesis es que tal principio supremo, PNC, funciona en la *Metafísica* como un auténtico principio fundamental y universal del discurso metafísico, que asegura y afirma la comprensión del mundo (las sustancias sensibles, principalmente), de

---

[38] Aristóteles, Met. Γ, IV, c.4

[39] Aristóteles, Met. Γ, c.4

[40] Aristóteles, Met. XI, c.5.

la causa primera (sustancia eterna, motor inmóvil) y del hombre mismo, y que, como tal principio de comprensión de los entes, y por tanto esta en relación inmediata con los análisis que van de la sustancia a la *enérgeia*.

El libro IV Gamma Aristóteles considera la forma más alta y digna del saber a la ciencia teórica de los primeros principios y causas[41], esto es, la ciencia que se buscaba desde el inicio de la *Metafísica*. A esta ciencia se le da ahora un nuevo objeto de estudio o, mejor dicho, una nueva determinación de lo que por ella ha de ser investigado: lo que es, en tanto algo que es, y los atributos que, por sí mismo, le pertenecen[42]

Ahora bien, ¿Porque Tomás de Aquino, como teólogo heredero de Agustín de Hipona, no toma la formula agustina –Si fallor sum[43]- si me equivoco existo -para fundamentar sus demostraciones, si no que prefiere adoptar en algún sentido el principio de no contradicción aristotélico?

La respuesta es que el principio o formula Agustina no sirve si no para fundamentar mi propia existencia, del –Si fallor, sum- no se demuestra nada, no se demuestra la validez del principio de no contradicción para razonar válidamente en las demostraciones, esto tuvo que haberlo captado Aquino,

---

[41]Aristóteles, Met. IV 1, Bk1003a 26-27

[42]Aristóteles, Met., IV 1, Bk1003a 20-21

Aunque la idea expresada en "cogito ergo sum" se atribuye a Descartes, muchos predecesores ofrecieron argumentos similares, particularmente Agustín de Hipona en De Civitate Dei (libros XI, 26), el cual se anticipa a modernos contrapuntos sobre el concepto. Locución latina Cogito ergo sum, que en español se traduce como Pienso, luego soy (o pienso, por lo tanto, existo), es un planteamiento filosófico de René Descartes, el cual se convirtió en el elemento fundamental del racionalismo occidental. "Cogito ergo sum" es una traducción del planteamiento original de Descartes en francés: "Je pense, donc je suis", encontrado en su famoso Discurso del método (1637). La frase compléta en su contexto es: "Mais aussitôt après je pris garde que, pendant que je voulois ainsi penser que tout étoit faux, il falloit nécessairement que moi qui le pensois fusse quelque chose; et remarquant que cette vérité, *je pense, donc je suis,* étoit si ferme et si assurée, que toutes les plus extravagantes suppositions des sceptiques n'étoient pas capables de l'ébranler, je jugeai que je pouvois la recevoir sans scrupule pour le premier principe de la philosophie que je cherchois".

por lo tanto adopta el principio de no contradicción Aristotélico que le permite razonar sobre el ente y el ser.

A Tomás de Aquino, igual que Aristóteles, le interesa establecer las determinaciones esenciales de la ciencia del ser, por lo tanto le interesa un principio que sea la base de todo posible conocimiento metafísico, lógico, ontológico, gnoseológico, ético, moral, practico, reflexivo.

Aristóteles trata de precisar ¿cuál es el conocimiento del hombre libre?; El hombre partiendo de los datos de la experiencia sensible duda que haya algo más allá de las respuestas que brotan inmediatamente de tal experiencia. El hombre se pregunta ¿por qué las cosas son lo que son?, y para responder a esto, debe liberarse, abstrayendo, de los datos impuestos a su conocimiento, el raciocinio humano debe dejar de ser indiferente para exaltarse a un nivel alto de comprensión, es decir debe abstraer los primeros principios de lo real. Esta libertad se adquiere, tratando de llegar a la inteligibilidad última de lo real, y correlativamente a un principio comprensible por sí mismo y que no tenga necesidadde apoyarse en un elemento más fundamental, -una causa primera

Entonces se concluye en el clásico problema de ¿cómo es posible que se constituya una ciencia universal de lo universal referida al ente en cuanto ente, si este es primaria y básicamente el ente concreto y singular, el individuo? Este el famoso rompecabezas de los Universales, que tanto preocupó a los escolásticos.

La respuesta de Aristóteles a tal problema sugiere que hay una doble explicación: primero, la sustancia individual es, de hecho, lo que constituye la auténtica entidad de lo real y a ella debe orientarse por entero la ciencia del ser[44] segundo, hay que hacer, sin embargo,

---

[44] Aristóteles, *Met*. IV 2, 1003b15-19

la distinción entre la sustancia individual propiamente dicha, llamada "sustancia primera", y las especies y géneros, "sustancias segundas" a las que pertenecen, en cuanto a su forma, esas entidades primarias[45]. Estas sustancias segundas son también realidades, pero solo en relación a las primeras, pues de estas reciben su realidad e inteligibilidad.

Aristóteles enuncia su principio de no contradicción así:

> Es evidente, pues, que al filósofo –es decir, al que estudia la entidad toda en cuanto tal– le corresponde también investigar acerca de los principios de los razonamientos. Por otra parte, lo conveniente es que quien más sabe acerca de cada género sea capaz de establecer los principios más firmes del asunto de que se ocupa y, por tanto, que aquel cuyo conocimiento recae sobre las cosas que son, en tanto que cosas que son, <sea capaz de establecer>los principios más firmes de todas las cosas. Este es el filósofo. El principio más firme de todos es, a su vez, aquel acerca del cual es imposible el error. Y tal principio es, necesariamente, el más conocido (todos se equivocan, en efecto, sobre las cosas que desconocen), y no es hipotético. No es, desde luego, una hipótesis aquel principio que ha de poseer quien conozca cualquiera de las cosas que son. Y aquello que necesariamente ha de conocer el que conoce cualquier cosa es, a su vez, algo que uno ha de poseer ya necesariamente cuando viene a conocerla. Es, pues, evidente que un principio tal es el más firme de todos. Digamos a continuación cuál es este principio: *es imposible que lo mismo se dé y no se dé en lo mismo ala vez y en el mismo sentido.* [46]

Aristóteles asevera que el filósofo es inteligente para constituir los principios firmes de las cosas que son *en tanto que* cosas que son, y que el filósofo es idóneo para establecer los principios firmes de *todas* las cosas. ¿Cómo comprender esa transición de los entes en cuanto entes a la totalidad de los entes subordinados a un principio universal si no es a partir del reconocimiento de la unidad de la ciencia del ser, descrita en la *Metafísica*?

---

[45]Aristóteles, *Categorías* V, 2a11 ss.

[46] Aristóteles, Met. V 3, Bk1005b 5-20

En efecto, si la noción de ser fuera en verdad ambigua, no podría legitimar el paso a la universalidad y no se podría hablar de una valida "universalidad" del principio de no-contradicción. Entonces desde un comienzo Aristóteles estudia los axiomas como extensivos con la ciencia de la sustancia u ontología.

Aristóteles se dedica a demostrar que el principio de no contradicción es el más firme de todos, porque dicho principio es a la vez el más conocido y no es hipotético. Está claro que Aristóteles se refiere aquí a lo más conocido "por naturaleza", y no "para nosotros", según la doctrina de los *Analíticos Posteriores*[47]. No se trata solo de que todos los hombres lo conozcan, sino más bien de que el principio debe ser más conocido, por su propia naturaleza, que todos los otros principios. También en los *Analíticos Posteriores* encontramos un indicio: la ciencia demostrativa dice Aristóteles debe basarse en principios verdaderos, primeros, inmediatos y conocidos, anteriores y causales (explicativos) respecto de la conclusión. Causales, porque sabemos cuándo conocemos la causa; anteriores, por ser causales; y conocidos, no solo por comprenderlos previamente, sino también porque se sabe que existen, esto es, que son Verdaderos.

---

[47] Aristóteles, Anal. Post, *Bk71b* 16-33 ss.

Capítulo 20

Otros Primeros Principios Lógicos Fundamentados del PNC

En la lógica moderna, existen otros principios estrechamente vinculados al primero: El Principio de de tercio excluso PTE, El Principio de Identidad PI, El Principio de razón Suficiente PRS.

El principio de tercio excluido PTE.

Principium tertium exclusum conocido como *tertium non datur* o una tercera (cosa) no se da «No hay medio entre el ser y el no-ser», o «entre la afirmación y la negación no hay término medio». Este juicio significa que una cosa es o no es, sin otra alternativa, y se reduce al principio de no-contradicción: el término medio es imposible, porque debería ser y no ser a la vez, o bien ni ser ni dejar de ser. La utilización de este principio es constante en los razonamientos, por ejemplo, bajo la fórmula «toda proposición necesariamente es o verdadera o falsa». Sin embargo en las lógicas multimodales contemporáneas o lógicas difusa existen infinidad de intermeDios.

En lo lógica moderna o cálculo preposicional de primer orden se puede expresar como:

Formula 6 $\qquad$ $P \lor \sim P$

Aunque el ser en potencia parezca un «entreacto» entre ser y no ser, en realidad, es una situación media entre ser en acto o no ser en acto o no ser en absoluto. También para la potencial vale este principio: nada puede ser a la vez acto y en potencia, y, por eso, no hay intermedio entre ser en potencia y no ser en potencia.

Interrelación según la lógica moderna entre los primeros principios

Los principios PI, PNC, PTE, PRS aunque son independientes entre sí mantienen estrecha relación y coherencia entre sí.

Se demostrará su esencial e innata relación entre ellos:

No debe confundirse al principio de identidad con la siguiente tautología de la lógica proposicional: **A Ξ A, en lugar de Ξ se puede usar↔.**

Fórmula 7 , **A Ξ A**, se lee **A** es equivalente a **A.** La fórmula es una tautología.

El Principio de Identidad, PI, establece que hay juicios o por proposiciones verdaderos reducibles a la fórmula: **A es A,** o expresada con el operador equivalencia (Ξ) o bicondicional. El PI implanta que hay una realidad, y esa realidad es la que es, hay una realidad y es única. Demostremos por medio de tautologías[48], que del PI se deduce o implica el PNC. **En lugar de Ξ se puede usar↔. En lugar de ⊃**

se puede usar ⟶

Demostración

Demostremos que PI implica a PNC, PI ⊃ PNC

1. **AΞ A , (PI)**

2. **(A⊃A) ∧ (A⊃A),** Def. de equivalencia o bicondicional a la 1

3. **(∼A ∨ A)∧ (∼A ∨ A),** Def. disyuntiva condicional a la 2

4. **(∼A ∨ A),** Simplificación de la conjunción a la 3

5. **∼ (∼∼A ∧∼A),** Morgan a la 4

6. **∼ (A ∧∼ A),** Doble negación a la 5, **PNC.**

Conclusión el PI es Previo a PNC.

---

[48] Cfr. Muñoz García, Ángel. Lógica Simbólica Elemental, ED. Miro, 1992, pp. 182-183

Se ha demostrado la Tesis fuerte, y esa es: Partiendo del PI deducimos el PNC, es decir, de una realidad única se implica que en todo mundo posible es imposible exista el PNC.

El PNC, $\sim (A \wedge \sim A)$, declara tajantemente que «es imposible que algo sea y no sea simultáneamente, y en el mismo sentido», pero también complementa que la realidad es una y no hay duplicidad de realidad, A es B y A es no es B, porque la realidad es la que es y no otra, entonces demostremos que **PNC $\supset$ PTE.**

- Demostremos que PNC implica el PTE

1. $\sim (A \wedge \sim A)$, **PNC**

2. $\sim A \vee \sim \sim A$, Ley de Morgan a la 1

3.- $\sim A \vee A$, Doble negación a la 2

4. $A \vee \sim A$, Conmutatividad a la 3

Por tato se demostró la tesis **PNC $\supset$ PTE**

Demostremos que PTE implica PI, PTE $\supset$ PI

1. $A \vee \sim A$, **PTE**

2. $\sim A \vee A$, Conmutatividad a la 1

3. $\sim \sim A \supset A$, Def. Disyuntiva del condicional a la 2.

4. $A \supset A$, Doble negación a la 3

5. $A \supset A$, Adición de 4

6. $(A \supset A) \wedge (A \supset A)$, Conjunción de 4,5

7. **(A ≡ A),** Def. Equivalencia o bicondicional de 6, **PI**

El PRS que exige razón a todo implica que la realidad es un conjunto de elementos relacionados coherentemente de manera que de un elemento se puede pasar a cualquiera de ellos, es decir la Realidad es Un Mundo Posible o Universo. Por lo tanto el PRS capturado por la inteligibilidad humana es la herramienta más poderosa que incluye a los principios anteriores, y se demostrará ahora.

Demostremos que PRS Implica PNC

Conjeturemos la premisa de que el ente existe, sin tener una razón de ser para existir, en vez de no existir. Se deduce que no hace falta nada más para que el ente exista, que para que el ente no exista. Pero entonces, la existencia misma del ente no aparece en nada distinta de su no-existencia. Bastaría, según esto, con que el ente no existiese, para que existiese. Ahora bien, todo esto implica una identificación entre existir y no existir, ser y no ser, que es contradictoria. Luego, nada puede existir sin razón de ser, o sea, todo tiene razón de ser.

En conclusión **PRS ⊃ PNC.**

Cualquier lógico inmediatamente notaría que hemos hecho una demostración por reducción al absurdo, es decir partiendo de una premisa como: el ente existe sin tener una razón de ser para existir, en vez de no existir, en resumen tenemos que:

Fórmula 8

Jerarquía Moderna de los Principios Lógicos

$$PI \supset PNC \supset PTE \supset PI$$

$$\cap$$

PRS

Este es el modelo de jerarquización que se pretende establecer en los principios de Tomás de Aquino.

Según el siguiente texto de Aquino cabe preguntarse ¿si el PNC es inteligible?, la respuesta obvia es afirmativa,

"Una forma es inteligible en acto por el hecho de ser inmaterial", (Tomás de Aquino. S.Th, I, q.79, a.3, c.)

Pero entonces el PNC no sería el primun sino el ente porque el mismo Aquino afirma, -el ente es el primer principio objeto propio del intelecto, y así el primer inteligible- (S.Th, 1, q.5, a.2, c). La representación del ente está incluida en todo lo que el hombre razona; por eso, el primer principio indemostrable[49] es que no se puede simultáneamente afirmar y negar un mismo ente, ya que un ente es lo que tiene el acto de ser.

De tal manera que podemos concluir la necesidad de la captación de la existencia del ente en la mente humana para la existencia del principio de no contradicción, es decir,

Fórmula 9:

$$\Box Ente \supset (\exists\ PNC).$$

Lo cual quiere decir que por medio de la existencia del ente descubrimos el principio colocado en nosotros con alguna finalidad, la cual podemos suponer es la de ordenar nuestros pensamientos, y por tanto ordenar la realidad representada en esos pensamientos.

La pregunta obvia es, ¿Qué más podemos descubrir a partir del ente?,

No lo sabemos, pero si se puede afirmar que existe una estructura o principio puro en nuestro intelecto que nos permite deducir, a tal principio lo

---

[49] Tomás de Aquino, S.Th, I-II, q.94, a.2 c. "Por eso, el primer principio indemostrable es que no se puede afirmar y negar una misma cosa, principio que se fundamenta en la noción de ente y no ente, y sobre el cual se fundamentan todos los demás principios".

denomina Aquino Intelecto Agente, a su tiempo lo analizaremos. Para quien quiere adelantarse puede consultar S.Th, I, q.79, a.3.

Pero si en la Expresión 2 introducimos la posibilidad de analizar el principio de no contradicción de la manera Tomista, entonces podríamos considerar otras teorías, probablemente tratadas por Duns Scotus, Ockham, o los filósofos contemporáneos, es decir,

Fórmula 10

□**Ente** ⊃□ **(∃ PNC)**   **Mundo tomista**

Fórmula 11

□**Ente** ⊃◊ **(∃ PNC)**   **Otro mundo posible**

La fórmula 10 hace referencia a la no necesidad de la lógica para fundamentarse en la estructura tomista del ente y no-ente.

El enunciado de la expresión 4 es fortísimo permitiendo analizar la realidad de otra forma, sin embargo no es tema de esta investigación.

Sin embargo algo que concierne al Aquinate es su afirmación,

"Lo primero que entra en la concepción del entendimiento es el ser, porque algo es cognoscible en cuanto que está en acto, como se dice en el IX *Metaphys*. Por eso el ser es el objeto propio del entendimiento y así es lo primero inteligible, como el sonido es lo primero audible. Así, pues, conceptualmente el ser es anterior al bien."[50]

Por eso el ente es el objeto propio del intelecto y por tanto el primer inteligible, es decir el ser tiene prioridad como principio sobre cualquier otro principio, porque el ente es cognoscible en cuanto está en acto, y ese ser en acto se lo proporciona la participación en el ser creado. Del tal manera que podemos reescribir la expresión 2 como,

---

Tomás de Aquino. S. Th, I, q.5, a.2 c; Aristóteles, IX, Bk1051a31.

Fórmula 12

□Ser⊃ □Ente ⊃□ (∃ PNC).

Cuya significación es totalmente tomista. Ente (ens) es lo que participa del acto de ser (esse) de una manera determinada (In. De Causis, 7).

Se observa que lo primero es el ser, pero los primeros principios no son manifestaciones o aspectos del ser, sino la intelección del ser en tanto que primer principio.

Capítulo 21

Dios es su mismo ser

LO NECESARIO, LO PROBABLE, LO CONTINGENTE EN TOMÁS DE AQUINO.

ipsum esse subsistens[51](IES)

Tomás de Aquino dice que « essentia est ipsum suum esse» (la esencia de Dios es su mismo ser[52]. El concepto de *ipsum esse subsistens* (IES) reúne las necesarias condiciones como definición de la esencia metafísica de Dios.La denominación *ipsum esse subsistens* no es un modo de ser, sino la perfección que, según nuestro modo analógico de pensar, corresponde a la esencia de Dios.

El *ipsum esse subsistens* diferencia intrínsecamente a Dios de todas las cosas creadas, que *no son el ser* mismo, sino que *tienen* ser.

Dios no es necesario para sí, sino que es necesario para otros entes. El ser de las criaturas es un ser limitado y, si se le compara con el ser de Dios, antes parece un no-ser que un ser.

El *ipsum esse subsistens* distingue también a Dios del ser abstracto o universal; pues este último no puede darse en la realidad objetiva sin otras notas que le concreten, mientras que el ser absoluto de Dios no admite

---

Un artículo de Liliana Irizar en el cual se entabla una diatriba entre los eminentes filósofos Enrrico Berti y Antonny Kenny es –El ser y su ser en Tomás de Aquino.- analizando el significado del ipsum esse subsistens.

[52]Tomás de Aquino. *De ente et essentia, c. 6* Aliquid enim est, sicut Deus, cuius essentia est ipsummet suum esse.

ninguna determinación más. El ser abstracto es el concepto más pobre en comprensión, y el ser absoluto el más rico en la misma[53]

El *ipsum esse subsistens* es al mismo tiempo la raíz de la cual se derivan lógicamente todas las demás perfecciones divinas. Como Dios es el ente absoluto entonces contiene en sí todas las perfecciones del ser[54], es decir según Gödel en Dios están todas las perfecciones, y desde el punto de vista de Kripke Dios tiene acceso o conocimiento total de sí mismo, y ningún ser tiene acceso a él., y cada una de sus perfecciones tienen acceso entre sí, de tal manera que se coincide con Anselmo, Dios es Mayor de lo que un ser humano puede pensar.

A partir de lo contingente y de lo necesario, el "Argumento Cosmológico"

La tercera vía que utiliza Tomás de Aquino para la demostración de la existencia de un Dios filosófico, filosófico porque el mismo concluye esto de su argumentación racional, el Angélico no concluye taxativamente «luego Dios existe», sino: «y a esto llamamos Dios». Es decir, como creyente, identifica la conclusión filosófica («luego hay un Primer Ser») con lo que la Revelación manifiesta acerca del Dios salvador. Lo cual ya no es un paso filosófico, sino de fe. Su argumentación termina en los preámbulos de la fe (In Boet. de Trin. q.2 a.3).

La tercera es la que se deduce a partir de lo posible y de lo necesario. Y dice: Encontramos que las cosas pueden existir o no existir, pues pueden ser producidas o destruidas, y consecuentemente es posible que existan o que no existan. Es imposible que las cosas sometidas a tal posibilidad existan siempre, pues lo que lleva en sí mismo la posibilidad de no existir, en un tiempo no existió. Si, pues, todas las cosas llevan en sí mismas la posibilidad de no existir, hubo un tiempo en que nada existió. Pero si esto es verdad, tampoco ahora existiría nada, puesto que lo que no existe imposible que algo empezara a existir; en consecuencia, nada existiría; y esto es absolutamente falso. Luego no todos los seres son sólo posibilidad; sino que es preciso algún ser necesario. Todo ser necesario encuentra su necesidad en otro, o no la tiene. Por otra parte, no es posible que en los seres necesarios se busque la causa de su necesidad llevando este proceder indefinidamente, como quedó probado al tratar las causas eficientes (núm. 2). Por lo tanto, es preciso admitir algo que sea

---

[53] Tomás e Aquino. *De ente et essentia, c. 6.*

Tomás de Aquino. S.th. I, q.4, a.2: «nulla de perfectionibus essendi potest de esse el quod est ipsum esse subsistens».

absolutamente necesario, cuya causa de su necesidad no esté en otro, sino que él sea causa de la necesidad de los demás. Todos le dicen Dios[55].

En el anterior **argumento cosmológico de Aquino** introduce tres conceptos lo necesario, lo posible, y lo contingente. Muy bien podemos simplificar el razonamiento anterior como:

10.   Las cosas pueden existir o bien no existir (seres contingentes).
11.   Lo que puede no existir alguna vez no existió.
12.   Las cosas en algún momento no existieron.
13.   Pero si 3 es cierto, luego ahora no existiría nada.
14.   4 es falso.
15.   Las cosas que existen, existen por necesidad de otras cosas que ya existen (seres necesarios).
16.   No se puede retroceder indefinidamente en la cadena de necesidades.
17.   Por lo tanto existe un ser absolutamente necesario que es el origen de la existencia de todas las cosas.
18.   Ese ser es Dios.

---

[55] Tomás de Aquino. S. Th, q.2, a.3

Capítulo 22

IDENTIDAD

. Y como únicamente en Dios la esencia consiste en ser, Tomas de Aquino discierne en «el que es» *(qui est)* el nombre de Dios que mejor le caracteriza; S.Th. i, 13, 11.

Hay que decir que no sólo se identifica a Dios con su esencia, sino también con su existencia... pues sabemos que es la primera causa eficiente, y por tanto es imposible que en Dios el ser sea distinto de la esencia, S.Th. I, q. 3, a. 4

EL PRINCIPIO DE IDENTIDAD (PI)

«El ente es el ente», «lo que es, es lo que es», «el ser es, el no ser no es». Aunque ni Aristóteles ni Santo Tomás hablan de la identidad como primer principio, en ambientes neo escolásticos muchos autores lo mencionan, reduciéndolo casi siempre al de no-contradicción.

Contemporáneamente se ha concedido gran importancia a *este principio, situándolo*, lógica y ontológicamente, como primum, por encima del PNC de no-contradicción. Con este principio se pretende aseverar que el mundo es idéntico a sí mismo, homogéneo, no surcado por la división, y que, por tanto, es ilimitado, de forma que no remite a otra causa fuera de sí

Junto con estos principios fundamentales, a veces se enumeran otros, como el de *causalidad* («todo efecto tiene una causa», «todo lo que empieza a ser es causado»), o el de *finalidad* («todo agente obra por un fin»), *el de plenitud*. En sentido estricto no se trata de primeros principios, ya que en ellos intervienen nociones más restringidas y posteriores a las de ente y no-ente, como son «causa», «efecto», «fin».

Identidad y Lógica moderna

La lógica moderna referencia a la lógica de primer orden, es decir, el cálculo de predicados de primer orden (es decir, el cálculo de predicados en donde los valores de las constantes son objetos o sustancias o cosas). Ahora bien, la lógica de primer orden puede ser incrementada con un nuevo predicado, el cual quedaría aislado simbólicamente por medio de =, como un addendum, la noción de identidad resulta ser una noción primitiva, en el sentido de que por medio de ella se puede definir otras nociones, como se verá en los ejemplos o artículos del Aquinate, pero ella misma no puede ser definida. La única manera de captarla es a través de los axiomas y de los teoremas que genere. En nuestro caso se captará por medio de los ejemplos de Tomás de Aquino. En la lógica moderna los complejos trabajos del filosofo emérito viviente Saul Aarón Kripke complican y alumbran la idea metafísica de Identidad, exposición hecha en su obra Nombrar y Necesidad.

No debe confundirse al principio de identidad con la siguiente tautología de la lógica proposicional: **A Ξ A, en lugar de Ξ se puede usar↔.**

Fórmula 13

A Ξ A, se lee A es equivalente a A.

La fórmula anterior es una tautológica.

Si se evalúa la expresión moderna siguiente, donde el lado izquierdo es el principio de no contradicción, y el lado derecho el principio de identidad, se tendrá como resultado una tautológica,

Fórmula 14 $\sim (A \wedge \neg A) \; \Xi \; (A \; \Xi \; A)$

$$\text{PNC} \quad \Xi \quad \text{PI}$$

O sea que el principio de no contradicción implica el principio de identidad, o sea, (lo cual es evidente demostración en la **Demostración 2.9.1.**)

Es decir, esta interpretación cae como anillo al dedo en la semiótica del Aquinate, "el ser es lo que es y no se puede contradecir", porque este es el nombre de Dios "Yo soy lo que soy". Pero, el ser no es solo un nombre sino que es todos sus atributos predicables y aun los no predicables porque son inefables para el entendimiento humano que no puede predicar al ser que no conoce.

Fórmula 15

$\sim$(A $\wedge \sim$ A)implica A Ξ A, y a la vez tenemos que,

El principio de identidad implica al de no contradicción, es decir, **(Demostración 2.9.1.)**

Fórmula 16

A Ξ A implica a $\sim$(A $\wedge \sim$ A)

Pero las demostraciones de las formulas 14, 15, y 16 son una interpretación en la moderna semántica de la verdad, tales demostraciones no fueron conocidas ni en la alta ni baja edad media, no fueron conocidas por Tomás de Aquino. Tales formulaciones se desprenden de todo sentido, y creencia, el ente no es considerado en su definición moderna.

Esta fórmula expresa que toda proposición es verdadera si y sólo si ella misma es verdadera. Por lo tanto, expresa una verdad semántica acerca de proposiciones y sus valores de verdad.

El principio de Principio de identidad expresado en la lógica de primer orden:

Fórmula 17

$$(((x = y) \wedge \varphi x) \to \varphi y)$$

Es lo único que se necesita.

4.4 El modo como la identidad queda definida formalmente en la lógica de predicados se formula o expresa como:

Fórmula 18

$$(\forall x) \, (\forall y) \, (x = y) \to (\forall \varphi) \, (\varphi x \leftrightarrow \varphi y)),$$

φ entre paréntesis recuerde se lee 'para todo φ'

O también ∀ φ.

Definición que coincide con la formulación de Bertrand Russell del principio de identidad[56].

Es decir si dos entes, objetos, sustancias **x, y** son idénticos **(x = y)** es equivalente (si y solo sí) a decir que ambos simultáneamente satisfacen la propiedad **φ.**

Identidad y Metafísica.

Cuando nos trasladamos al mundo posible de la metafísica, nos inquirimos ¿qué es lo que nos dice la fórmula 18?, simplemente que dos objetos **x, y** cualesquiera son idénticos si y sólo si cualquier propiedad **φ** que tenga uno la posee igualmente el otro o, alternativamente, si tienen todas sus propiedades en común.

Pero dicha lectura es equívoca. En realidad, el sí y sólo si (↔) sirve aquí para indicar que están involucrados no uno sino dos principios, a

---

[56] Russell, Bertrand. Whitehead, Arfred North. Principia Matemática. Pág. 176, Sec. *13.01, Cambridge University Press, 1910. La definición original según Russell es la siguiente, pero es un poco difícil de interpretar.

$$x{=}y. \; x{=}{:}(\varphi){:}\; \varphi \; ¡ \; x. \to. \varphi \; ¡ \; y \; Df$$

saber, **el Principio de Identidad de los Indiscernibles** y su converso, **el Principio de Indiscernibilidad de los Idénticos.**

Formula 19

El Principio de Identidad de los   indiscernibles (PII), se formula como:

Fórmula 19

$$(\forall x)(\forall y)[(\forall\varphi)(\varphi x\leftrightarrow\varphi y)\ \rightarrow\ \Box(x = y)],$$

Podemos leer la fórmula 19 así: para todo objeto x y para todo objeto y, y para toda cualidad o propiedad **φ,** si x, y poseen la propiedad **φ** entonces es necesario que x sea idéntico a y.

En otras palabras,

Si no puedo distinguir dos objetos porque tienen exactamente las mismas cualidades, entonces son idénticas (principio de identidad de los indiscernibles)

La versión conversa de la fórmula 19 es:

El Principio de Identidad de de los Idénticos (PIId)

Fórmula 20

$$(\forall x)(\forall y)(x = y) \rightarrow (\forall\varphi)\ \Box\ (\varphi x \leftrightarrow \varphi y))$$

Podemos leer la fórmula 20 como: para todo par de objetos x, y, si son idénticos entonces es necesario que satisfagan toda propiedad **φ.**

En otras palabras, Si dos cosas son idénticas, entonces no puedo distinguirlas, puesto que tienen todas sus propiedades en común (principio de Indiscernibilidad de los idénticos)

La identidad de los indiscernibles es de sumo interés porque hacen surgir la pregunta acerca de los factores que individualizan cualitativamente objetos idénticos, esta pregunta es el famoso problema medieval de

Individuación especialmente tratado por Tomás de Aquino!

¿Es de interés preguntarse la relación entre el PII y el PIId?, Es indiscutible que los principios no expresan lo mismo. Lo que es indisputable es que si dos objetos son idénticos, entonces indubitablemente no se podrá diferenciarlos, en tanto que la contraria no se considera igualmente válida: el que no se percatase diferenciar dos objetos no significaría ni implicaría que entonces son idénticos. De ahí que el Principio de Indiscernibilidad de los Idénticos implique al de Identidad de los Indiscernibles, pero no a la inversa. En conclusión,

Fórmula 21   **PIId implica a PII**

Fórmula 22   **PII no implica PIId**

Si se observa o analiza con detenimiento la estructura de la forma lógica del Principio de Indiscernibilidad de los Idénticos,

$$(\forall x)\ (\forall y)\ (x = y) \rightarrow (\forall \varphi)\ (\varphi x \leftrightarrow \varphi y)),$$

Se verá como la declaración de un principio a priori o analítico, con el mismo rango ontológico del Principio de No Contradicción.

En cambio la estructura lógica de la formulación del Principio de Identidad de los Indiscernibles

$$(\forall x)\ (\forall y)\ [(\forall \varphi)\ (\varphi x \leftrightarrow \varphi y)\ \rightarrow (x = y)\ ],$$

Está definiendo un principio empírico, como observan, x e y deben satisfacer toda cualidad o propiedad (φ) para entonces implicar o deducir la identidad $(x = y)$.

Principio de Identidad como causa del tiempo y materia existente

El principio de identidad se enuncia como: **A Ξ A,** la cual la podemos reducir a la expresión: **A es A,** pero esta expresión gramatical es evidente[57] por sí, porque cuando el predicado A esta contenido en el sujeto A, expresa una equivalencia lógica, pero cuando hace referencia a la realidad existente expresa una amplia gama de complejidades, donde tal complejidad se puede expresar por la   Formula modal17,

$$(((X = y) \land \Box\varphi x) \supset \Box y\varphi),$$

Donde φ expresa una cualidad que satisfacen **x, y.** De esta manera A es A y la formula 17 son idénticas y expresan lo mismo. Pero en la fórmula 17 está más clara la definición de un mundo posible, el mundo donde el ente x satisface a φ. Lo cual no quiere decir que x es único.

Si entendemos al sujeto A como una realidad o como una entidad entonces lo más obvio es que A es A es inmutable, pero si A esta inmerso en el tiempo entonces entenderemos que A es inmutable en el tiempo. Si negamos la posibilidad de que el sujeto A sea actualizado en acto por alguna potencia, y siempre permanezca en su estado de inmutabilidad entonces afirmamos la existencia de un sujeto A inmutable, sin ninguna potencia receptiva ni pasiva.

Pero si existe y no posee ninguna potencia receptiva ni pasiva entonces es acto puro, por tanto está exento del no-ser. Además este A inmóvil no está afectado por el tiempo porque A es no receptivo de ninguna potencia, pero a la vez nada fuera de A puede existir ni siquiera el tiempo porque entonces A existiría en una duración de tiempo, de tal

---

S. Th. Q.2, a.1 Solución.*Hay que decir:* La evidencia de algo puede ser de dos modos. Uno, en sí misma y no para nosotros; otro, en sí misma y para nosotros. Así, una proposición es evidente por sí misma cuando el predicado está incluido en el concepto del sujeto, como *el hombre es animal,* ya que el predicado *animal* está incluido en el concepto de hombre. De este modo, si todos conocieran en qué consiste el predicado y en qué el sujeto, la proposición sería evidente para todos. Esto es lo que sucede con los primeros principios de la demostración, pues sus términos como ser-no ser, todo-parte, y otros parecidos, son tan comunes que nadie los ignora. Por el contrario, si algunos no conocen en qué consiste el predicado y en qué el sujeto, la proposición será evidente en sí misma, pero no lo será para los que desconocen en qué consiste el predicado y en qué el sujeto de la proposición.

manera que la existencia de A seria una potencia pasiva que afectaría el tiempo. Tomás de Aquino define al tiempo como "el número del movimiento según el antes y el después"[58] Pero es imposible para A que haya antes y después. Ahora bien, podríamos decir que si bien A existe y es inmutable entonces junto con A y formando una unión indisoluble con su esencia esta un tiempo que denominaríamos la Eternidad según la expresión del Seráfico Aquinate:

De Aquino se expone otro importante concepto, el tiempo sigue al movimiento, el movimiento es un continuo. Por continuo entendemos "lo que es divisible hasta el infinito"[59]. Es obvio que Aquino está hablando en un nivel físico y no ontológico en la referencia anterior. Ya que el movimiento ontológico es el transcurrir de la potencia al acto. Además, Según el Angélico definimos el concepto de eternidad luego del concepto de tiempo como dice en el texto: "...nuestra noción del tiempo está causada por la percepcióndel fluir de la hora, y la de eternidad lo está por la idea de la hora permanente"[60]. Pero se observa que no define la eternidad sino por analogía con el fluir del de las horas. Ahora bien, se puede pensar que **A** más que autor de la eternidad es la misma eternidad sustancial.

En la anterior definición vemos una cierta influencia del Timeo de Platón (Πλάτων. 428 a.C.427 a. C. – 347 a.C.) cuando trata sobre el tiempo:

"este viviente eterno, cuya naturaleza es eterna, se propuso hacerlo todo como él, lo que no es posible adaptarla a lo engendrado Pero entonces el Hacedor del devenir y el Universo... procuró hacer una imagen móvil de la eternidad y, al ordenar el cielo, hizo de la eternidad, que permanece siempre en un punto, una imagen eterna que marchaba según el número ese que llamamos tiempo...porque no habiendo ni días, ni noches, ni meses, ni años antes del devenir del Cielo los produjo Estas son todas partes del tiempo y el era y el será son formas devenidas del tiempo que

---

[58]Tomás de Aquino. S.Th 1,q 10 a 1c

[59]Tomás de Aquino. S.Th 1, q.10 a.6 c

Tomás de Aquino. S.Th I, 1 q.10 a.2 ad 1; S.Th. I, q.2 a.3 ad, o también la formula aristotélica adoptada por el Aquinate «*numerus motus secundum prius et posterius*» *In IV Phys. Lec 17, 580*

de una manera incorrecta aplicamos al ser eterno, pues decimos que era, es y será, pero según el razonamiento verdadero sólo le corresponde el es. El era y el será conviene que sean predicados de la generación que procede en el tiempo, pues ambos representan movimientos.... El Tiempo por tanto nació con el Universo."[61]

De haberle creído a Platón cuando planteo el argumento «el tiempo nació con el Universo» mucho trabajo se hubiesen ahorrado los físicos, pero regresando a el **«A es A»** inmutable y eterno, según el argumento de Platón sobre el origen del tiempo, si la entidad A, como demostramos es eterna y era anterior al origen del tiempo sin potencia pasiva, entonces ¿Cómo se inició la existencia del tiempo y de la materia del Universo?, evidentemente de A no pudo provenir tal existencia porque potencialmente es pasivo, debió provenir de algún otro ente B, por cierto eterno, que iniciase la existencia de tiempo y materia; pero este eterno si no es inmutable por tanto es corruptible y por tanto temporal y material, lo cual es contradictorio porque no existía nada material como se convino inicialmente como premisa; además, la existencia de A y B contradicen el Principio de Identidad, pero como comparten todas la propiedades de inmutabilidad y eternidad, y aplicando la lógica de la identidad de los indiscernibles entonces A es idéntico a B. poseyendo B la característica o la cualidad de ser la causa suprema del efecto de tomar existencia o ser el tiempo y la materia, lo concuerda con la doctrina de Tomás de Aquino[62], dado que crear el tiempo y la materia es

---

Cfr. Platón, Timeo, 37 d.e. 38, Aún cuando la referencia anterior basta para saber de dónde se tomó, como un homenaje a Juan David Garcia Bacca se dirá que proviene de sus obras completas por él traducidas y comentadas. Tomo VI. Coedición de la República de Venezuela y la Universidad Central de Venezuela. Caracas. 1980.

El párrafo de la cita que dice *El Tiempo por tanto nació con el Universo* fue descubierto teóricamente por A. Einstein 2400 años después en su teoría de la Relatividad Generalizada, este modelo se basa en una colección de soluciones de las ecuaciones de la relatividad general, llamados modelos de Friedmann- Lemaître - Robertson - Walker. En 1948, el físico ucraniano nacionalizado estadounidense, George Gamow (1904-1968), planteó que el universo se creó a partir de una gran explosión (Big Bang). Según la relatividad general, la existencia del mismo espacio-tiempo está ligada a la materia, entonces se puede incluir el espacio-tiempo como parte del Universo y no algo extraño al mismo, no un molde recipiente. Lo expresado anteriormente es contrario a Kant, quien asevera de que el espacio y el tiempo son formas a priori del conocimiento, que no forman parte de la cosa en sí sino de la estructura de nuestro pensamiento a la hora de ordenar experiencias que nos llegan del mundo exterior.

[62] Tomás de Aquino. De Pot. Q.7, a.2

dar el *esse*, entonces se puede decir que este Dios filosófico A confiere el *actus essendi* al tiempo y la materia del denominado Universo, con *principium originis*.

El principio de identidad de los indiscernibles[63](PII) puede formularse en lógica de segundo orden, como:

$$(\forall x)\ (\forall y)\ ((\forall \varphi)\ (\varphi x < \text{-->} \varphi y) \rightarrow (x = y))$$

O sea si x = A, y = B, φ = eterno, inmutable, en palabras más simples para el lector diremos que si dos entes comparten todas las propiedades o esencias entonces son iguales en todo., si dos objetos comparten la eternidad entonces son iguales, esto abre la posibilidad a la existencia de la santísima trinidad, tres personas pero una en esencia.

La versión conversa del principio de identidad de los indiscernibles es el principio de **indiscernibilidad de los idénticos**, el cual dice que si *x* e *y* son la misma entidad, entonces tienen exactamente las mismas propiedades. En lógica de segundo orden, este principio se expresa así:

$$(\forall x)(\forall y)((x=y) \leftrightarrow (\forall \varphi)(\varphi x \leftrightarrow \varphi y)$$

Se denomina ley de Leibniz a la conjunción de ambos principios

Este principio aplicado a Dios significa que si el padre el hijo y el espíritu son iguales entonces poseen los mismos atributos.

El principio aplicado a la existencia del universo, entonces se debe concluir que A es B y B es A, es decir A y B son idénticos y únicos, en número, porque de lo contrario se contradecirían mutuamente, porque se supuso la existencia sólo de A. Pero entonces ¿Qué sucedió con el tiempo y la materia existente evidentemente posteriores por el Big Bang?, ¿Cómo surgieron?

Evidentemente B es eterno e inmutable, pero con una potencia activa capaz de hacer que el tiempo y la materia existiesen, es decir que el principio de

---

[63] Es decir, si dos objetos *x, y* comparten todas sus propiedades φ, entonces *x, y* son idénticos, es decir, son el mismo objeto.

identidad nos obliga a pensar y a creer en que B permanece ontológicamente inmóvil, pero a la vez posee la potencia para crear de la nada, ex nihilo, porque nada había antes que la existencia de B = A, entonces aseverar que siendo A inmóvil también es móvil para crear. En conclusión el tiempo y la materia tienen su origen en A.

Si tiempo y materia tienen su origen en A entonces infinidad de preguntas se pueden de todo lo que se deriva e individualiza a la materia, como el ser humano, y la actividad de conocer ejecutada por el humano, ¿acaso los primeros principios existían antes de la existencia de la materia?, ¿iniciaron su existencia con el tiempo y la materia? ¿Acaso por interacciones caóticas de la materia se generó el entendimiento humano[64], o A coloco el entendimiento humano? ¿Existe alguna otra forma de entender u otros principios para entender[65]?

S.th. Q.86 a.1 En cambio está lo que dice el Filósofo en I *Physic.*1: *Lo universal es conocido por la razón. Lo singular, por los sentidos.* **Solución.** *Hay que decir:* Nuestro entendimiento no puede conocer primaria y directamente lo singular de las cosas materiales. El porqué de esto radica en que el principio de singularización en las cosas materiales es la materia individual, y nuestro entendimiento, tal como dijimos (q.85 a.1), conoce abstrayendo la especie inteligible de la materia individual. Lo abstraído de la materia individual es universal. Por eso, nuestro entendimiento directamente no conoce más que lo universal.

Es justo se pregunte ¿por qué puedo usar el PII definido por primera vez por GOTTFRIED WILHELM *LEIBNIZ*(1646-1716)en un razonamiento medieval?, la respuesta es simple propongo como tesis que el PII se deriva del principio de individuación del Aquinate, lo cual demostrare a continuación.

---

[64] Tomás Aquino. S.Th., q.85 a.4. ¨El entendimiento está sobre el tiempo. Pero el antes y el después pertenecen al tiempo. Por lo tanto, el entendimiento no conoce las cosas distintas unas antes y otras después, sino simultáneamente.

En las objeciones Aquino plantea el entendimiento como algo más que a priori, fuera del tiempo. Pero se debe entender que nada existía antes del Big Bang, ni aún existía la simultaneidad.

[65] Tomás de Aquino. S.Th., q.85 a.6. El objeto propio del entendimiento es la esencia de la realidad material que cae bajo el dominio de los sentidos y la imaginación. En la afirmación anterior Aquino reconoce, sin quererlo, la existencia del entendimiento a partir de la materia.

Diferentes enunciados de Leibniz:

"que no es cierto que dos substancias se parezcan enteramente y sean diferentes solo en número" [66]

"no hay en la Naturaleza dos Seres que sean perfectamente el uno como el otro, y donde no sea posible encontrar una diferencia interna o fundamentada en una denominación intrínseca" [67]

"En las cosas absolutamente indiferentes no hay alternativa y, consecuentemente, no hay elección, ni voluntad, puesto que la alternativa debe estar fundada en alguna razón o principio" [68]

"No existe algo así como dos individuos indiscernibles uno del otro" [69]

"Suponer dos cosas indiscernibles es suponer la misma cosa bajo dos nombres" [70]

---

[66] Leibniz. Discurso de Metafísica, 9

[67] Leibniz. Monadología, 9

[68] Leibniz. Escritos IV, 1

[69] Leibniz. Escritos IV, 4

[70] Leibniz Escritos IV, 6

Capitulo 23

El Nombre de Dios.

El principio de identidad A es A, puede ser expresado por una persona como **'Yo soy el que soy'**, pero si esta persona es inmutable y eterna, además de ser el único motor inmóvil entonces estamos en presencia de Dios como 'Ser': el Ser subsistente, que expresa la Esencia de Dios en el lenguaje de la filosofía del ser (ontología o metafísica). Dios con estas palabras divinas **'Yo soy el que soy'** revela si Identidad, expresándose en la 'terminología del ser', indica un acercamiento especial entre el lenguaje ontológico y el lenguaje del conocimiento humano de la realidad, según el mismo Tomás de Aquino (Cfr. C.G. I, 14; 30)-, incluso utilizando este lenguaje podemos, al máximo, 'silabear' este Nombre revelado, que expresa la Esencia de Dios, o parte de su esencia inmutable y eterna, y creadora como se demostró. Por su parte, Santo Tomás de Aquino en la *Suma Teológica* afirma que**El que es**¨es el nombre más propio de Dios.[71]: "Hoc nomen: Qui est, triplice ratione est maxime proprium nomen Dei."

Tomás de Aquino, *Suma Teológica*, I, q. 13, a.11. Solución. *Hay que decir:* Tres razones explican por qué «*El que es*» es en grado sumo el nombre propio de Dios. 1) Por su significado. Pues no significa alguna forma, sino el mismo ser. De ahí que, como el ser de Dios es su misma esencia y esto no le corresponde a nadie más, como ya quedó demostrado (q.3 a.4), es evidente que, entre todos los otros nombres, éste es el que en grado sumo propiamente indica a Dios, pues todo es designado por su forma. 2) *Por su universalidad.* Pues todos los otros nombres o son menos comunes, o, si le son equivalentes, sin embargo le añaden algún concepto por el que, en cierto modo, lo informan y determinan. Además, en esta vida nuestro entendimiento no puede conocer la presencia de Dios en sí misma, sino que, aun cuando exprese lo que entiende de Dios, nunca expresará todo lo que Dios es en sí mismo. Y así, cuando algunos nombres son menos determinados y más comunes y absolutos, tanto más propiamente son dados a Dios por nosotros. Por eso dice el Damasceno 39: *Entre todos los nombres que se dan a Dios, el principal es El que es; pues este nombre todo lo abarca, e incluye al mismo ser como un piélago infinito de inabarcable sustancia.* Pues cualquier otro nombre determina de algún modo la sustancia de la cosa; pero este nombre *El que es* no determina ningún modo de ser, sino que va referido a todos; por eso lo llama *piélago infinito de sustancia.* 3) *Por el contenido de su significado.* Pues significa existir en presente. Y eso en grado sumo propiamente se dice de Dios, cuyo existir no conoce el pasado ni el futuro, como dice Agustín en el V *De Trin.*

En efecto, el lenguaje humano es limitado para expresar de modo indudable y total ¿Quien es Dios?, nuestros conceptos y nuestras palabras acerca de Dios esgrimiendo que «El no es, más que lo que EL es», esta conclusión se puede extraer del texto:

> *Hay que decir:* Nuestro conocimiento natural empieza por los sentidos. De ahí que nuestro conocimiento natural sólo pueda llegar hasta donde le lleva lo sensible. Lo sensible no puede llevar a nuestro entendimiento hasta ver la esencia divina, pues las criaturas son efectos de Dios que no se pueden equiparar al poder de la causa. De ahí que el conocimiento que se tiene a partir de lo sensible no puede llegar a conocer todo el poder de Dios. Consecuentemente, tampoco puede ver su esencia. Pero, como quiera que son efectos dependientes de Él como causa, en este sentido podemos partir de los efectos para saber que Dios *existe;* así como lo que es necesario que haya en El por ser la primera causa de todo, por encima de todo lo causado. Por lo tanto, podemos conocer la relación existente entre **Él** y las criaturas, esto es, la relación de causa en todas ellas; y también podemos conocer la diferencia existente entre Él y las criaturas, esto es, que El no es nada de lo que ha sido causado por El. Y no es nada de todo eso porque le falte algo, sino porque lo supera todo.[72]

La creación por el motor inmóvil o Dios de La existencia del tiempo y la materia se expresa sintéticamente en latín con la frase «ens ab alio». El que crea -el Creador- posee en cambio la existencia en sí y por sí mismo («ens a se»).

El ser pertenece a su substancia: su esencia es el ser. Él es el Ser subsistente (Esse subsistens). Precisamente por esto no puede no existir, es el ser 'necesario'. A diferencia de Dios, que es el 'ser necesario', los entes que reciben la existencia de El, es decir, las criaturas, pueden no existir: el ser no constituye su esencia; son entes 'contingentes'.

En cuanto 'ipsum Ens per se Subsistens' -es decir, absoluta plenitud de Ser y por tanto de toda perfección- Dios es completamente trascendente respecto del mundo.

---

[72]Cfr. Tomás de Aquino. S. Th. I, q.12, a.12 s

CAPÍTULO 24

EL PRINCIPIO DE RAZÓN SUFICIENTE (PRS)

El principio de razón suficiente se enuncia: "*Nihil est sine ratione*".

El principio de razón suficiente contiene dos negaciones: "*nihil*" y "*sine*". Ahora bien, dos negaciones implican una afirmación. El principio tendría entonces otra formulación: "*omne ens habet rationem*", "todo lo que es tiene una razón". Pero con una implicación lógica de necesidad: "todo ente tiene, *necesariamente*, una razón".

El PRS es formulado por primera vez por Pedro Abelardo y es utilizado por autores para quienes los actos de Dios no son decisiones arbitrarias sino consecuencia de su bondad. En definitiva PRS es enunciado por Leibniz en sus Monadas.

Nuestros razonamientos están fundados sobre *dos grandes principios, el de contradicción,* en virtud del cual juzgamos *falso* lo que implica contradicción, y *verdadero* loque es opuesto o contradictorio a lo falso. *(Teodicea, § 44, 169).*

Y *el de razón suficiente,* en virtud del cual consideramos que no podría hallarse ningún hecho verdadero o existente, ni ninguna Enunciación verdadera, sin que haya una razón suficiente para que sea así y no de otro modo. Aunque estas razones en la mayor parte de los casos no pueden ser conocidas por nosotros.*(Teodicea, § 44, 196)*[73]

La definición de Christian Wolff, es la más generalizada: *Nihil est* sine *ratione cur potius sit, quam non sit* (Nada existe sin una razón de ser).

Principio de razón suficiente o de razón de ser.

"Todo tiene razón suficiente" o "Todo tiene razón de ser". Para cualquier cosa que es, hay una razón, la conozcamos o no, de porqué es, y de porqué es así como es, en vez de ser de otra manera.

---

[73] Gottfried Leibniz. Monadología.

Justificación.

Se trata de un principio evidente, porque ninguno de nosotros acepta que algo pueda ser sin que haya ni pueda haber una explicación de su existencia. Solicitarla demostración del mismo entonces significa aceptarlo, ya que se supone que siempre es necesaria algún tipo de razón para aceptar algo como verdadero.

Quiere decir también que el PRS se revela evidente analizando sus términos, es decir, que la negación del principio lleva a una contradicción, de modo tal que se descubre que el predicado está incluido necesariamente en el sujeto. Por lo que se ve que en definitiva dicho principio es reductible al principio de no-contradicción.

En efecto:

Conjeturemos que el ente existe, sin tener una razón de ser que exista, en vez de no existir. Se deduce que no hace falta nada más para que el ente exista, que para que el ente no exista. Pero entonces, la existencia misma del ente no aparece en nada distinta de su no-existencia. Bastaría, según esto, con el ente no existiese, para que existiese. Ahora bien, todo esto implica una identificación entre existir y no existir, ser y no ser, que es contradictoria. Luego, nada puede existir sin razón de ser, o sea, todo tiene

razón de ser. En conclusión **PRS ⊃ PNC.**

Se puede objetar en la demostración en todo caso la necesidad de una condición necesaria, no de una condición suficiente.

Pero a la objeción se responde que lo que aparece aquí como condición necesaria de la existencia de una cosa, es una cierta razón que explique y justifique la diferencia entre la no existencia y la existencia del ente, y que por tanto explique esa existencia misma. Esto es una condición suficiente, y no sólo necesaria.

¿Qué es ser, y a la vez ser distinto del ser? Obviamente, no puede ser el ser la nada pura. Sino que solamente puede ser el participar en el ser, es decir, poseer el ser en una forma finita, incompleta, imperfecta, pero real. Todo lo que recibe el ser es de este modo, porque el hecho de tener que recibirlo de otro, y no tenerlo en sí y por sí desde la eternidad, ya es una imperfección, una limitación, y entonces, una finitud: ya por esta razón alcanza para no ser la plenitud del ser. Se concibe que sea superior inmensamente a este ente participado, aquel Ente que no reciba el ser de otro, sino que lo sea desde toda la eternidad por sí mismo.

Ahora bien, es claro que no sólo el que algo sea es por el ser, sino también el que sea como es. Pues también esto es una forma de ser. Por eso el principio dice que hay siempre una razón suficiente de que algo sea, en vez de no ser, y de que sea como es y no de otro modo.

Que esa razón sea "suficiente", quiere decir que da razón de todo lo que el ente es, y que no queda nada en el ente sin razón de ser, porque esto que quedase sin razón de ser, sería, y no sería por el ser, lo que sería un absurdo. Por ello, al darse la razón suficiente del ente, se sigue necesariamente la existencia del ente, ya que no hay nada de dicha existencia que no esté "puesto" y motivado, por definición, por la "razón suficiente". Por eso, también sería absurdo que dada la razón suficiente del ente, no ocurriese el ente en cuestión, puesto que entonces haría falta algo aún para la existencia del ente, lo cual quiere decir que la razón suficiente no sería suficiente: pero esta conclusión es contradictoria. Y que haría falta algo aún para la existencia del ente, se sigue del mismo principio de razón de ser, ya que todo lo que es, es por el ser, y no "por nada".

1) "Condición necesaria" de algo es aquello sin lo cual el ente no puede ser. Eso quiere decir que la condición necesaria condiciona la existencia de algo en tanto condiciona su posibilidad lógica y ontológica.

2) "Condición suficiente" del ente es aquello con lo cual basta para que el ente sea, o sea, aquello de lo cual algo se sigue necesariamente. Es la explicación de la existencia actual del ente.

3) Puede ocurrir la condición necesaria sin la suficiente, no viceversa. En efecto, no puede faltar allí una condición necesaria, porque entonces no sería necesaria, lo que es contradictorio.

4) Todo tiene condición necesaria. Cualquier cosa que existe, en tanto existe, no puede no existir. Luego, debe existir, en tanto existe, y entonces su existencia es una condición necesaria de que la cosa exista.

5) Todo tiene condición suficiente. Cualquier cosa que existe, en tanto existe, no puede no existir. En efecto, basta con que algo exista, para que exista. Luego, su misma existencia es, en este sentido, condición suficiente de la existencia de la cosa. 6) De aquí se sigue que todo lo que existe tiene condición necesaria y suficiente de su existencia. A eso llamamos tener razón suficiente o razón de ser. La "razón de ser" o "razón suficiente" de algo es el conjunto de sus condiciones necesarias y suficientes.

CAPITULO 25

¿QUIEN ES DIOS?

Dios conoce todo, pasado., presente futuro, Dios se conoce a sí mismo en un instante sin tiempo, para Dios no existe el tiempo.

En Dios no existe contradicción, en Dios existe una voluntad para actuar, los actos de Dios ejecutados por su voluntad no se contradicen.

La esencia de Dios es su existencia, y su existencia es la vida. De tal manera que el bien es la vida de Dios, y el mal es cualquier contradicción a la vida divina es la muerte.

En Dios no existe el mínimo mal porque es contradecir la vida, si en Dios hubiese algo maligno entonces dios se destruiría a sí mismo, porque es imposible la existencia de una contradicción en el. Dios por tanto conoce el mal porque lo sabe todo, sin necesidad de crear ningún ser en el cual se manifieste alguna contradicción a la esencia divina.

La concepción   de mal o maldad se asocia a los accidentes naturales o comportamientos humanos que se consideran perjudiciales, destructivos o inmorales y son origen de sufrimiento moral o físico.

¿Cómo se manifiesta el mal en el ser humano?

El mal ético

Para la ética es una condición negativa atribuida al ser humano que indica la ausencia de principios morales, bondad, caridad o afecto natural por el entorno y los entes que figuran en él.

Algunas personas definen el mal como el término que señala la ausencia de la bondad que debe tener un ente según su naturaleza o destino. De esta forma, el mal sería la característica de quien tiene una carencia, o de quien actúa fuera de un orden ético, convirtiéndose, en consecuencia, en alguien o algo malo.

Evidentemente la voluntad de un ser que actúa fuera de un ordenamiento ético le hace contradecir la ética de la vida divina, por eso Eva y Adán violaron el mandato ético de Dios contradiciendo su vida, y al contradecir su vida crearon la muerte y la muerte entro al mundo, lo peor de la contradicción de la vida divina es la no vivir.

El mal para la psicología

En el mal podemos identificar rasgos oscuros " rasgos oscuros" son

Egoísmo o "preocupación excesiva por el beneficio propio a expensas de los demás y de la comunidad".

Maquiavelismo: "Actitud manipuladora e insensible hacia los demás, acompañada de la convicción de que el fin justifica los medios".

Desconexión moral o sociópata "Un estilo de procesamiento cognitivo que permite comportarse de manera amoral sin
sentir remordimiento alguno por ello".

Narcisismo: "Una auto-admiración excesiva, acompañada de un sentimiento de superioridad y necesidad extrema de atraer constantemente la atención de los demás

Psicopatía Sadismo: "Deseo de infligir daño" o violencia "mental o física a otros por placer". Interés propio: "Deseo de promover y destacar el propio estatus social"

Rencor: "Destructividad y disposición a causar violencia o daño a otros, incluso a costa de infligirse daño a sí mismo".

Evidentemente en Dios no se da ninguno de esos accidentes humanos y por tanto no se contradice.

El mal para la sociología

Actuar con maldad también implica contravenir deliberadamente los códigos de conducta, moral o comportamiento oficialmente correctos u ortodoxos en un grupo social, acercándose al concepto sociológico de anomia.

Dios es su propio código y no se contradice.

El mal para la filosofía

En la historia de la filosofía de Rüdiger Safranski en su *Das Böse oder Das Drama der Freiheit El mal o El drama de la libertad* (1997). La naturaleza del mal depende de si la moral es absoluta, relativa o ilusoria, surgen así distintas escuelas de pensamiento:

1. Para el absolutismo moral, el bien y el mal son conceptos incondicionados y establecidos por una deidad o deidades, por la naturaleza, por la moral, por el sentido común o por alguna otra fuente. Para el relativismo moral, las normas del bien y del mal son variables y productos de una cultura local, costumbre o prejuicio determinados.

2. Para la amoralidad el bien y el mal carecen de sentido, ya que no existe un ingrediente moral en la naturaleza,

3. y el universalismo moral intenta encontrar un compromiso entre el sentido absoluto de la moral y el punto de vista relativista afirmando que la moralidad solo es flexible hasta cierto punto y que lo que es realmente bueno o malo se puede determinar mediante el examen de lo que se considera comúnmente como el mal entre todos los seres humanos.

4. Un problema durante siglos importante ha sido la cuestión de lo que es el mal o la maldad y por qué existe así como su concepto antagónico, el bien o bondad.

5. Escuelas filosóficas dualistas como el maniqueísmo plantean la existencia de estos dos principios antagónicos. Sócrates, en su teoría del intelectualismo moral, identifica el mal con la ignorancia. Para su discípulo Platón el mal es aquello en lo que no participa de ninguna manera la idea del Bien y entiende que como las ideas son perfectas y positivas, todo lo malo es imperfecto y exclusivo del mundo sensible, y escribió que hay relativamente pocas formas de hacer el bien y por el contrario infinidad de maneras de hacer el mal y que pueden tener un impacto mucho mayor en nuestras vidas y las vidas de otros seres capaces de sufrimiento. En Plotino, la materia es identificada como el mal y como la privación de toda forma de inteligibilidad.

6. En el renacimiento, para Maquiavelo, los hombres solo son malos cuando su irrefrenable inclinación a saciar sus propios anhelos no encuentra oposición provocando el mal de los otros, lo que hace necesaria a la ley y al Estado; así pues, los hombres solo son malos cuando se los juzga según el criterio del bien común.

7. Para Thomas Hobbes, inversamente a Rousseau, el hombre es malo por naturaleza y a causa de un egoísmo fundamental y por un primario instinto de supervivencia en la guerra de todos contra todos, "es un lobo para el hombre".

8. Spinoza afirma que lo bueno es todo lo que es útil para nosotros, mientras que el mal es "lo que sin duda sabemos que nos impide poseer todo lo que es bueno". (Tal vez por eso existe el purgatorio cristiano romano para purificarnos de esa maldad) Además afirma que "el conocimiento del mal es un conocimiento inadecuado"

9. El filósofo alemán Gottfried Leibniz en su obra *Essais de Théodicée sur la bonté de Dieu, la liberté de l'homme et l'origine du mal* (*Ensayos de Teodicea sobre la bondad de Dios, la libertad del hombre y la Origen del mal*) de 1710, afirma que el mundo real es el mejor de todos los mundos posibles. Este es el argumento central de la teodicea de Leibniz y su

intento de resolver el problema del mal en su trabajo *Monadología*:Dios tiene la idea de infinitos universos.

1. Solo uno de estos universos puede existir realmente.
2. Las elecciones de Dios están sujetas al principio de razón suficiente, es decir, Dios tiene razón para elegir una cosa u otra.
3. Dios es bueno.
4. Por lo tanto, el universo que Dios escogió para existir es el mejor de todos los mundos posibles

Tal afirmación provocó un rechazo, sobre todo de Voltaire, quien se burló de Leibniz en su novela cómica *Candido* al tener al personaje Pangloss (una parodia de Leibniz y Maupertuis) repitiendo la frase como un mantra. Como escribió Theodor Adorno, «el terremoto de Lisboa fue suficiente para curar a Voltaire de la teodicea de Leibniz».Por otra parte, en 1844, Arthur Schopenhauer llegó a la conclusión opuesta defendiendo que vivimos en el peor de los mundos posibles. Por otra parte el rabino Adin Steinsaltz dice que vivimos el peor de los mundos esperanzados.

10. David Hume, en su obra *Diálogos sobre la religión natural* (1755), vuelve a formular el problema en los términos en los que ya lo había formulado el griego Epicuro: "¿Es que Dios quiere prevenir la maldad, pero no es capaz? Entonces no sería omnipotente. ¿Es capaz, pero no desea hacerlo? Entonces sería malévolo. ¿Es capaz y desea hacerlo? ¿De dónde surge entonces la maldad? ¿Es que no es capaz ni desea hacerlo? ¿Entonces por qué llamarlo Dios?".

11. La ilustración en el siglo XVIII volvió a replantearse la cuestión. Rousseau afirmaba que "el hombre es bueno por naturaleza" y es la sociedad la que lo corrompe; asimismo, "no hacer el bien ya es un mal muy grande" (esto dice cristo);

12. Voltaire, en cambio, no distingue entre el mal de la naturaleza o físico y el mal moral o perversidad y rechaza la doctrina del pecado original, pero sin embargo proclama la existencia del dolor y su conciencia en el hombre y el beneficio de la esperanza.

13. Edmund Burke afirma que "para que triunfe el mal, basta con que los hombres de bien no hagan nada." /no define al mal/

14. En Kant, el ser humano tendría una propensión hacia el mal, a pesar de su disposición original para el bien. La tarea del bondadoso sería, pues, según su imperativo categórico, la de dar ejemplo como héroe o mártir.

15. En el siglo XIX Friedrich Nietzsche intentó redefinir la ética en su *Más allá del bien y el mal* (1886), donde se afirma que hay que superar la moral judeocristiana y los filósofos del futuro deben transmutar sus valores creándose otros más propios y fundados en la voluntad de poder, el vitalismo dionisiaco, la imaginación y la autoafirmación, negando una moral universal y por tanto un mal único para todos los seres humanos.

16. Hannah Arendt, en *Eichmann en Jerusalén. Un estudio sobre la banalidad del mal* retoma la cuestión del mal radical kantiano, politizándolo. Analiza el mal cuando este se ciñe a grupos sociales o al propio Estado. Según la autora, el mal no es una categoría ontológica, no es natural ni metafísico. Es político e histórico: es producido por seres humanos y se manifiesta solo cuando encuentra espacio institucional y estructural para ello, debido a una elección política. A la trivialización de la violencia corresponde, para Arendt, el vacío del pensamiento donde la banalidad del mal se asienta.

17. Tomás de Aquino: "Puesto que todo ser, en cuanto tal, es bueno, y el mal, en la medida en que exista, pertenece al no-ser."

18. Francisco Suárez: "[...] El mal no puede ser algo positivo que por su naturaleza y en sí mismo sea malo totalmente, el mal por el que una cosa se denomina mala no es una cosa o forma positiva ni tampoco es una mera negación, sino que es la privación de perfección debida a su ser."

19. Descartes: "Según la filosofía, el mal no es nada real, sino solo una privación."

20. Malebranche: "El mal se puede tomar de tres maneras: como privación del bien, como dolor, o como la cosa que causa privación del bien o que produce dolor.

21. Sartre: "El mal es el *otro* nacido del miedo que el hombre honesto tiene ante su libertad, es una proyección y una catarsis ... el *otro* que el ser, el *otro* que el bien, el *otro* que sí mismo."

El mal para la antropología

Para las religiones abrahamánicas (judaísmo, cristianismo, islamismo) la concepción del mal deriva del dualismo con el bien y de la relación con un principio llamado Dios; se reduce al concepto de pecado. Para la teología de la liberación, sin embargo, el mal puede ser también estructural y violento El budismo cree más bien en el principio del karma y que el sufrimiento es la consecuencia inevitable de afectos klesa que impiden la liberación o nirvana, de la ignorancia, la aversión o ira y la avidez o deseo (conocidas entre los budistas como los tres venenos). Porque el concepto de mal de la ética budista es consecuencia de la naturaleza y no se funda en deberes para con una divinidad.

El Problema del mal

Epicuro ser el primer exponente del problema del mal en *De Ira Dei*.

El problema del mal es la pregunta de

¿Cómo reconciliar la existencia del mal con la existencia de una deidad omnisciente, omnipotente y omnibenevolente?

El argumento del mal afirma que debido a la existencia del mal, o Dios no existe o no tiene las tres propiedades mencionadas.

Las tesis para refutar dicho argumento se les conoce tradicionalmente como teodiceas. La teodicea lógica del argumento intenta demostrar deductivamente una imposibilidad lógica en la coexistencia entre Dios y el mal. Mientras que la teodicea evidente sostiene inductivamente que dado que existe el mal en el mundo, es improbable que exista un Dios omnipotente, omnisciente y perfectamente bueno. El problema del mal se ha extendido a los seres vivos no humanos, incluidos el sufrimiento animal provocado por la naturaleza y la crueldad animal humana

El problema del mal también se puede expresar de la siguiente forma:

¿Es que Dios quiere prevenir el mal, pero no es capaz? Entonces no es omnipotente.
¿Es capaz, pero no desea hacerlo? Entonces es malévolo.
¿Es capaz y desea hacerlo? ¿De dónde surge entonces el mal?
¿Es que no es capaz ni desea hacerlo? ¿Entonces por qué llamarlo Dios?

Problema lógico del mal

J. L. Mackie presentó el problema lógico del mal con las siguientes tres proposiciones, formando una tríada inconsistente.

El problema lógico, también llamado "argumento global del mal, intenta demostrar la inconsistencia lógica entre la existencia de una entidad omnipotente, omnibenevolente y omnisciente y la existencia del mal. Se atribuye al filósofo Epicuro la formulación original del problema del mal, y este argumento puede esquematizarse como sigue:

1. Si una deidad omnipotente, omnisciente y omnibenevolente existe, entonces el mal no existe.
2. Hay maldad en el mundo.
3. Por lo tanto una deidad omnipotente, omnisciente y omnibenevolente no existe.
    1. DP $\wedge$DC$\wedge$DB $\Longrightarrow \neg$ ($\exists$)(M)
    2. $\exists$(M)
    3. $\neg \exists$(DO $\wedge$DB$\wedge$DC), Modus Tollens 1, 2

Este argumento del tipo *modus tollens* es lógicamente válido (la validez no tiene que ver con el significado de las premisas) aun cuando la consecuencia de las premisas son ciertas, la conclusión necesariamente también debe serlo. Sin embargo, no es claro exactamente cómo la existencia de una deidad todopoderosa y perfectamente buena garantiza la inexistencia de la maldad. Esto es, no es claro si la primera premisa es cierta. Para mostrar que es plausible, las versiones posteriores tienden a desarrollarla, tal como el siguiente ejemplo moderno:

1. Dios existe.
2. Dios es omnipotente, omnisciente y omnibenevolente.
3. Un ser omnibenevolente querría evitar todo los males. (cierto, por eso vino al mundo)
4. Un ser omnisciente conoce todas las formas en que el mal puede originarse. (cierto)
5. Un ser omnipotente tiene el poder de prevenir que el mal se origine. (cierto al final, todo mal desaparecerá)
6. Un ser que conoce cada forma en que el mal pueda originarse, es capaz de prevenir su existencia, y quiere hacerlo, prevendría la existencia del mal. (cierto al final, todo mal desaparecerá)
7. Si existe un ser omnipotente, omnisciente y omnibenevolente, entonces la maldad no existe. (premisa falsa)
8. El mal existe (contradicción lógica).Cierto el mal existe entre los hombres

Mackie argumentó que estas proposiciones eran inconsistentes y, por lo tanto, que al menos una de estas proposiciones debe ser falsa. Ya sea:

• Dios es omnipotente y omnibenevolente, y el mal no existe.

- Dios es omnipotente, pero no omnibenevolente; así, el mal existe por la voluntad de Dios.
- Dios es omnibenevolente, pero no omnipotente; así, el mal existe, pero no está dentro del poder de Dios detenerlo (al menos no instantáneamente).

Se considera a ambos argumentos como dos formas del problema *lógico* del mal, que intenta mostrar que las proposiciónes supuestas conducen a una contradicción lógica y por lo tanto no pueden ser todas correctas

El debate filosófico se ha centrado principalmente en la proposición de que Dios no puede existir con, o querría prevenir, el mal (premisas 3 y 6). Respecto a esto, algunos apologistas teístas (por ejemplo, Leibniz) sostienen no solo que la existencia de tal deidad es compatible con el mal, sino que lo permite con el fin de lograr un bien superior (cierto, la vida eterna es el bien superior).

Se ha propuesto el libre albedrío como tal bien superior, argumentado por Alvin Plantinga en su popular defensa. Su primera parte considera el mal moral como el resultado de las acciones humanas por medio de la libre voluntad. La segunda parte argumenta la posibilidad lógica de "un poderoso espíritu no humano", como el Diablo, quien es responsable por el mal natural, (esto es falso, el demonio solo corrompió la naturaleza humana, y la naturaleza humana corrompió la creación universal) incluyendo terremotos, maremotos y enfermedades virulentas.

Algunos filósofos aceptan que Plantinga resolvió exitosamente el problema lógico del mal, ya que aparentemente mostró que Dios y el mal son lógicamente compatibles; aunque otros disienten completamente, (falso el mal no existe en dios, tal compatibilidad es cierta, y solo se puede afirmar que hoy por hoy existe el mal y dios)

Teodicea agustiniana

El teólogo del siglo V Agustín de Hipona mantuvo que el mal solo existía como privación o ausencia de bien. La ignorancia es un mal, pero solo es la ausencia de conocimiento, que es bueno; así mismo la enfermedad es la ausencia de salud y la crueldad lo es de compasión. Dado que el mal no tiene realidad positiva *per se*, no puede causarse su existencia, por lo que Dios no es el responsable de ella. En su forma más fuerte, este principio identifica al mal como ausencia de Dios, que sería la única fuente de todo lo que es bueno.

Una opinión similar utiliza el concepto taoísta del yin-yang, que permite que tanto el bien y el mal tengan una realidad positiva, pero sostiene que son opuestos complementarios tal que la existencia de cada uno es dependiente de la existencia del otro. La compasión, como virtud, solo puede existir si hay sufrimiento del que compadecerse; la valentía solo existe si enfrentamos el peligro; el altruismo solo es preciso cuando hay los otros son necesitados. A veces es llamado el "argumento por el contraste".[96]

Quizás la crítica más importante de estos argumentos es que, aun si se concede su victoria frente al argumento del mal, son inútiles contra un "argumento de la ausencia de bien" que puede esgrimirse en su reemplazo, por lo que la repuesta solo es superficialmente eficaz.Tomás de Aquino expresó este problema:

Si uno de los contrarios es infinito, el otro queda totalmente anulado. Esto es lo que sucede con el nombre Dios al darle el significado de bien absoluto. Pues si existiese Dios, no existiría ningún mal. Pero el mal se da en el mundo. Por lo tanto, Dios no existe. *Suma teológica* - Parte I - c.2 – 3

 Apelación al argumento ontológico contra el problema del mal.

Una última forma en la que uno podría intentar demostrar que los hechos sobre el mal no pueden constituir evidencia *prima facie* contra la existencia de Dios es apelando al argumento ontológico. Si el argumento ontológico fuera sólido, podría proporcionar una refutación al argumento del mal por mostrar que Dios existe y también que es necesario.

Filósofos como Anselmo, Descartes, Leibniz y Plantiga son claros defensores del argumento. Sin embargo, la mayoría de los filósofos actuales no creen que sea sólido. Según Eric Wiland, como ambos argumentos asumen que la bondad es lógicamente atributiva, entonces ambos argumentos fallan.

El problema del mal también serviría como un argumento "ontológico contra la existencia de Dios", ya que si Dios existe necesariamente en el sentido de que si existe entonces existe en todos los mundos posibles, la mera posibilidad de un mundo incompatible con las cualidades esenciales de Dios hace que Dios sea imposible.

Agustín de Hipona (354 AD – 430) en su teodicea se centra en la historia del Génesis en que en esencia afirma que Dios creó el mundo y "miró todo lo que había hecho, y vio que era muy bueno". El mal es meramente una consecuencia de la desobediencia y destierro humano debido al pecado original. San Agustín afirma que la maldad natural (sufrimiento causado por desastres naturales) es causada por los ángeles caídos, mientras que la maldad moral (causada por la conducta humana) es el resultado del distanciamiento del hombre con Dios y su elección de desviarse por su camino elegido. Agustín sostuvo que Dios no podía haber creado el mal en el mundo, ya que fue creado bueno, y que todas las nociones de maldad son simples desviaciones o privaciones de Dios, por lo que la maldad no podía ser separada en una única sustancia. Por ejemplo, la ceguera no es una entidad independiente, sino que es meramente la carencia de la visión. De esta forma la teodicea agustiniana argumentaría que el problema del mal y sufrimiento es inválido, ya que Dios no creó el mal; fue el hombre quien se desvió de la perfección. Para Agustín, Dios permitía os males naturales porque son justo castigo al pecado, y aunque los animales y bebes no pecan son merecedores del castigo divino, siendo los niños herederos del pecado original.

Esto, sin embargo, posee un número de interrogantes de tipo genético: si el mal es meramente una consecuencia de nuestra elección de desviarnos de la bondad deseada de Dios, entonces las enfermedades congénitas y la predisposición genética hacia el "mal" seguramente deben estar en el plan y deseo de Dios, por lo que no puede culparse al hombre. John Hick criticó la teodicea declarando que el sufrimiento de los animales a causa del pecado original es falso debido a que estos mucho sufrían antes de la existencia del ser humano y que Dios no permitiría el castigo a inocentes como bebes.[45] Respecto al lugar relativo de la teodicea agustiniana, John Hick en su libro *Encountering Evil* (Topándose con el mal), ha dicho que "es una extensa discusión lo que constituye mi respuesta a la pregunta si una teodicea Ireneana con su escatología pueda ser más plausible que la agustiniana con su caída humana o angelical. (Si lo es, entonces la última es doblemente implausible; ¡ya que también involucra una escatología!)".

Santo Tomás sistematizó la concepción agustiniana del mal, completándola con sus propias reflexiones. El mal, según Santo Tomás, es una privación, o la ausencia de algo bueno que pertenece propiamente a la naturaleza de la criatura. Por lo tanto, no hay una fuente positiva de maldad, correspondiente al bien mayor, que es Dios; el mal no es real sino racional, es decir, existe no como un hecho objetivo, sino como una concepción subjetiva; las cosas no son malas en sí mismas, sino por su relación con otras cosas o personas. Todas las realidades son en sí mismas buenas; producen malos resultados solo incidentalmente; y, en consecuencia, la causa última del mal es fundamentalmente buena, así como los objetos en los que se encuentra el mal.

Aquino, utilizando la escolástica, trata el problema de "El mejor de todos los mundos posibles" en la *Summa Theologica*

Dice Jacques Maritain (Santo Tomás de Aquino y el problema del mal, Conferencia dictada en 1944 en Marquette University, Milwaukee, EE.UU., y publicada ese mismo año como capítulo VII del libro 'De Bergson a Santo Tomás)

> Se sabe que sobre la metafísica del mal, santo Tomás retoma y profundiza los grandes temas agustinianos: el mal no es una esencia o naturaleza, ni una forma, ni un ser: el mal es una ausencia de ser; no es

una simple ausencia o negación, sino una privación: la *privación* de un bien que debería existir en una cosa[74].

A menudo se comprende mal esa doctrina. A veces suele imaginarse que hace del mal un menor bien (cuando, por el contrario, por ella se rechaza en absoluto ver en el mal un ser, para vaciar el mal de todo bien y evacuar de él toda especie o modalidad de bien). A veces, se imagina que esa doctrina niega o desconoce la realidad del mal, cuando, contrariamente, descansa por entero sobre la realidad de la privación, o la lepra de la ausencia. Decir que el mal no es un ser no es, de manera alguna, decir que el mal no existe, o que es sólo una ilusión, o que sólo tenemos que negarlo, a la manera de los "Christian Scientist", para hacerlo desaparecer[75]

El mal existe realmente como una herida o una mutilación del ser; el mal está realmente allí, cada vez que una cosa – que en la medida en que es y en que tiene el ser es buena – es privada de algún ser o de algún bien que debería tener. De ese modo, el mal existe *en el bien*; de otro modo, el sujeto o portador del mal es bueno en cuanto tiene el ser en él[76], El mal, pues, es eficaz- mas no por sí mismo, sino por el bien que hiere y del cual es parásito, por el bien deficiente o desviado, cuya acción, por tanto, es viciada. En consecuencia, ¿cuál es el poder del mal? Es el mismo poder del bien que hiere y a cuyas expensas vive. Cuanto más poderoso es ese bien, tanto más poderoso será el mal, no por virtud de sí mismo, sino por virtud de ese bien. Por eso, no hay mal más poderoso que el del ángel malo. Si el mal aparece tan poderoso en el mundo de hoy, ello ocurre porque el bien del cual es parásito, es el espíritu mismo del hombre, es la ciencia y el ideal corrompido por la mala voluntad.

La carencia de ser en sí y de esencia, y de forma, y de determinación, y la existencia del mal, su realidad, y su eficacia: he ahí lo que nos revela la monstruosidad metafísica del mal. El espectáculo de las cosas exhibe una procesión de cosas buenas, una procesión de bienes, heridos por el no ser, que por su actividad producen una acumulación indefinidamente creciente de ser y de bien, en la cual esa misma actividad comporta también la herida indefinidamente creciente – mientras el mundo exista – del no ser y del mal.

Otro punto de doctrina, sobre el cual santo Tomás toma fielmente la gran tradición de Platón y san Agustín, consiste en que el mal moral o la falta,

---

[74] Summa Theologica, I, q. 48. a. l. (cf. de Malo, 1, 1; Contra Gentiles, III, cap. 7, 8 y 9; Compend. theologiae, cap. 115).

[75] Summa Theologica, I, q. 48, a. 2, et ad 2.

[76] Ibid., I, q. 48, .a. 3.

que ataca la voluntad del hombre y su libertad, lo vuelven a él mismo malo y ofenden al Principio de su ser; es ése un mal mayor que el sufrimiento o el "mal de pena", que ataca en nosotros sólo la naturaleza, sin hacernos desviar de la línea de nuestro destino final, que está por encima del tiempo, y sin oponerse "al bien increado, al bien e Dios mismo, al cumplimiento de la voluntad divina, y al amor divino por el cual el bien divino es amado en sí mismo, y no sólo según que es participado por la criatura"

www.ingramcontent.com/pod-product-compliance
Lightning Source LLC
Chambersburg PA
CBHW081510220526
45467CB00010B/2859